携带 MHC Ⅰ 的外泌体介导宿主抗布鲁氏菌获得性免疫效应的初步研究 --- 石河子大学青年创新培育人才项目（CXPY202109）；布鲁氏菌重要功能蛋白纳米抗体的制备及其在布病诊断与治疗中的应用 --- 石河子大学国际科技合作推进计划项目（GJHZ202203）

# 畜牧养殖与疾病防治技术研究

王　勇　易继海　王　震◎著

吉林大学出版社

·长春·

图书在版编目（ＣＩＰ）数据

畜牧养殖与疾病防治技术研究 / 王勇 , 易继海 , 王
震著 . -- 长春 : 吉林大学出版社 , 2024.3
ISBN 978-7-5768-1705-8

Ⅰ . ①畜… Ⅱ . ①王… ②易… ③王… Ⅲ . ①畜禽—
饲养管理—研究②畜禽—动物疾病—防治—研究 Ⅳ .
① S815 ② S858

中国国家版本馆 CIP 数据核字（2023）第 093941 号

书　　名　畜牧养殖与疾病防治技术研究
　　　　　XUMU YANGZHI YU JIBING FANGZHI JISHU YANJIU
作　　者　王　勇　易继海　王　震　著
策划编辑　殷丽爽
责任编辑　于　莹
责任校对　曲　楠
装帧设计　守正文化
出版发行　吉林大学出版社
社　　址　长春市人民大街 4059 号
邮政编码　130021
发行电话　0431-89580028/29/21
网　　址　http://www.jlup.com.cn
电子邮箱　jldxcbs@sina.com
印　　刷　天津和萱印刷有限公司
开　　本　787mm×1092mm　1/16
印　　张　11.75
字　　数　200 千字
版　　次　2024 年 3 月　第 1 版
印　　次　2024 年 3 月　第 1 次
书　　号　ISBN 978-7-5768-1705-8
定　　价　72.00 元

王　勇　男，1981年12月生，山东诸城人，博士，副教授，硕士研究生导师。现于石河子大学动物科技学院从事兽医学方面的教学与科研工作，主讲"生物化学""分子生物学""生物技术导论""高级动物生物化学"等本科生和研究生课程，主要研究方向是重要人兽共患病致病机制与防控、动物疾病检测诊断与防治。近年主持国家科研项目2项，参与国家项目5项，参与省部级项目2项，发表学术论文17篇，主编教材1部，获兵团自然科学奖二等奖1项。

易继海　男，1989年8月生，新疆奎屯人，农学博士，副教授，硕士研究生导师，现于石河子大学动物科技学院从事基础兽医学相关的教学与科研工作，主讲本科和研究生"动物病理生理学""动物病理解剖学""科技论文写作""普通动物学"以及"实验动物学"等课程。主要研究方向为动物传染病诊断与防治技术、人兽共患病病原致病机理。主持获批科研项目4项，参与科研项目10余项，以第一作者部分发表高水平论文16篇，其中，SCI论文9篇，获发明专利1项。

作者简介

　　**王　震**　男，1987年10月生，山东诸城人，中共党员，博士，副教授，石河子大学硕士生导师，目前从事动物医学专业教学科研工作，研究方向为人畜共患病防控、动物性食品卫生检验和兽用生物制品研发等。近年来，主持国家自然科学基金青年基金项目、兵团重大科技项目课题和兵团重点领域科技攻关项目课题等各类课题5项，以第一作者或通讯作者身份发表学术论文40余篇，其中，SCI收录论文10篇，主编或参编教材3部，获国家或国际授权专利7项，获兵团科技进步二等奖1项，自治区教育教学二等奖1项。

# 前　言

作为世界农业大国，我国畜牧业占农业总产值的比重已超过 30%。相较于世界肉类总产量而言，1998 年，我国畜牧养殖行业生产的肉类产量占比达到 26%，人均肉类和禽蛋量占比超过世界平均水平。我国是世界畜牧业大国，畜牧业不仅对改善人民物质生活状况有重要意义，还对增加国民经济收入有重要贡献。此外，畜牧业还是轻工业、医药工业和外贸出口的原料来源。总之，畜牧业是国民经济产业的重要依托。自 1978 年改革开放以来，我国畜牧业获得较为快速的发展，进一步促进了国民经济的发展速度，提高了人民的生活水平。2009 年，我国绵羊、山羊、生猪等牲畜的存栏量都远超其他国家，牛的存栏量也跃居世界第三，这也证明了畜牧业已经成为不容忽视的产业。但是，很多以畜牧业为主的地区在发展畜牧业时遇到了很多问题，如牲畜生活空间不足、饲料耗费巨大等，其中，最为显著的便是疾病问题，如禽流感、猪流感等疾病严重阻碍了我国畜牧业的发展脚步，也让很多农民的收入得不到保障。解决畜牧养殖过程中的疾病问题、提升疾病防治技术是我国畜牧业发展的必要措施。

本书第一章为畜牧业的发展政策与智慧畜牧业，分别介绍了畜牧业的发展状况、智慧畜牧业的发展状况、智慧畜牧业的发展趋势、智慧畜牧业技术及产品的研究；第二章为动物营养与饲料，分别介绍了饲料营养物质与畜禽营养、饲料营养价值的评定、动物维持营养需要与生产营养需要、动物的饲料标准、饲料的营养分类与营养特征；第三章为养殖设施及设备，分别介绍了设施养殖的概念及其国内外发展情况、圈舍建设、大中型养殖场（公司）的规划设计以及养殖设备；第四章为牛羊疾病防治技术，分别介绍了牛羊疫病的综合防治技术，牛羊主要传染病防治技术，牛羊呼吸系统及消化系统疾病防治技术，牛羊主要产科疾病防控技术，牛羊主要营养代谢性疾病及外科疾病防控技术；第五章为猪鸡疾病防治技术，分别介绍了生猪不同生长阶段的疾病防治技术、猪类主要疾病的防治技术、鸡类常见寄生虫病防治技术和鸡类主要传染病防治技术。

在撰写本书的过程中，王勇 8 万字，易继海 6 万字，王震 6 万字。作者得到了许多专家学者的帮助和指导，参考了大量的学术文献，在此表示真诚的感谢！

限于作者水平有限，加之时间仓促，本书难免存在一些疏漏，在此，恳请同行专家和读者朋友批评指正！

王　勇

2022 年 9 月

# 目 录

# 第一章　畜牧业的发展政策与智慧畜牧业

本章主要介绍畜牧业的发展政策与智慧畜牧业，从四个方面进行了阐述，分别是畜牧业的发展状况、智慧畜牧业的发展状况、智慧畜牧业的发展趋势以及智慧畜牧业技术与产品的研究。

## 第一节　畜牧业的发展状况

近些年来，随着畜牧业的快速发展，它已不再是传统意义上的家庭副业，而是作为农业和农村经济的支柱产业而存在，为农民增收致富提供重要保障。整体而言，畜牧业对改善我国市场供给效益、提高农村家庭收入、发展相关产业经济等具有重要贡献。基于此，我国以转变畜牧业增长方式为出发点，推进现代畜牧业建设。那么，宣传普及现代畜牧业高效科学养殖技术具有重要的现实意义。

近十多年来，我国畜牧业产值实现了稳定增长的目标。其中，主要畜产品保持逐年增长态势，生产结构得到优化。畜牧业从数量型逐步向质量效率型转变，畜牧业产值在农业生产总产值的占比为 50% 以上。畜牧业作为我国农业和农村经济中的主要支柱型产业，一直保持着高活力的增长。当前，畜牧业产业收入是我国农民家庭获得经营收入来源的主要渠道。

联合国粮农组织在 2009 年公布的我国畜牧养殖产业统计资料如下：生猪 5.23 亿头，占世界存栏总数的 50.9%，居世界第 1 位；绵羊 2.19 亿只，占世界存栏总数的 18.72%，居世界第 1 位；山羊 2.46 亿只，占世界存栏总数的 25.14%，居世界第 1 位；牛 1.89 亿头，占世界存栏总数的 9.2%，居世界第 3 位。肉类总产量达 10 845 万吨，禽蛋（不含鸡蛋）843.6 万吨，鸡蛋 3 578.6 万吨，奶类 3 785 万吨，其中，肉类产量占世界总产量的 30%，禽蛋产量占 80%，鸡蛋产量占 40%，奶类产量占 5%。截至 2021 年，我国人均肉类占有量已经超过了世界平均水平，禽蛋占有量达到发达国家平均水平，奶类人均占有量仅为世界平均水平的 1/13。从以上数据可以看出，我国畜牧业在改革开放的 30 年间取得了飞速的发展。[①]

# 第二节　智慧畜牧业的发展状况

作为国民经济产业中的重要一环，畜牧业需要紧随时代发展趋势实现转型升级。当前，信息化在推动社会经济转型发展中具有重要作用。加快推进畜牧业与信息化融合进程，是党和国家制定的现代畜牧业战略目标。

畜牧业要走向现代化，首先要实现生产和管理的信息化、数字化和智慧化。智慧畜牧业是数字技术与智能畜牧业技术相结合的畜牧业生产管理技术系统。它以信息化技术为支撑，包括信息采集技术、计算机技术、网络通信技术、电子信息工程技术等。智慧畜牧业可以将畜牧业生产过程实现全面数字化，也就是说，保证畜禽生产过程中的数据信息获取具备实时性和标准性，将已获取的数据信息通过网络终端进行传送，之后对收集的数据进行模型化处理，最终实现饲养过程精细化、决策管理智能化和市场消费定制化。

## 一、国际智慧畜牧业发展

按照畜牧业生产要素划分，国际畜牧业发展方式包括三类。第一类以美国、俄罗斯等地广人稀的国家为主，这些国家具备较高的农业机械化水平，可以节省劳动力资源。第二类以日本、荷兰等人多地少的国家为主，这些国家借助信息、生物和化学技术，实现向资源节约型社会的转变。第三类以英国、德国等人地占比适中的国家为主，这些国家既具有较高的智能机械化水准，又具有相对发达的信息、生物和化学技术，可以走综合型道路，以此提高生产率。无论是何种类型的发展方式，世界各国都在通过发展科技水平实现畜牧业产业链升级，并依托相关政策有效提高畜牧业产业竞争力。

---

① 于国刚，张广智，王娟. 畜牧业养殖实用技术与应用 [M]. 咸阳：西北农林科学技术大学出版社，2021.

当前，世界各国的产业经济竞争不再是单个生产环节或单一产品的竞争，而是更多地依靠整个产业链水平提高竞争力。因此，我国畜牧业要想获得市场竞争力，就必须站在产业链角度思考如何发展畜牧业科技，实现全产业链转型升级。

在中央颁布的系列农业农村发展工作报告中，对突破传感网、物联网等关键技术、加快研发后 IP 时代相关技术等作出重点部署，依托信息网络产业实现产业转型升级、迈向信息社会，由此拉开全面建设中国物联网的序幕。物联网成为畜牧业发展的契机和动力，可以推进现代智慧畜牧业的发展进程。

物联网（the internet of things）利用信息传感设备（包括传感器、RFID、全球定位系统、红外感应器、激光扫描器、气体感应器等）对需要监控、连接或互动的物体、过程进行信息数据（如声、光、热、电等）的实时采集，和互联网共同组成了庞大的网络系统。

作为一项集成性创新技术，物联网是在计算机、通信技术、传感技术、网络技术和信息处理技术基础上发展而来的。将物联网技术应用于畜牧业中，旨在借助物联网技术实时获取生产、加工、流通和消费等各环节的数据信息，并利用智能畜牧业信息技术将畜牧业生产基本要素与畜禽管理和畜禽饲养、疫病预警、农民教育等融合，以此加快畜牧业生产、管理、交易和物流等环节的智能化进程。

## 二、我国智慧畜牧业发展现状

智慧畜牧业已成为我国畜牧业未来发展的方向和目标。在我国畜牧业发展思想的指导下，智慧畜牧业的总体发展目标包括：一是实现畜牧业各环节（主要有畜禽生产、信息管理、质量追溯、预警预报等）的全面数字化；二是实现畜牧业生产管理方式的转型升级，即精细化生产管理方式，推动畜牧业的可持续发展。

智慧畜牧业的发展基础涵盖四部分。第一，对家畜个体编码标识、生产过程数据采集传输、家畜个体精细饲养控制、畜产品全程质量追溯等环节依托智能控制平台进行监督管理。第二，部分地区具备监控草食家畜数字化育种、饲料营养、疾病防治及加工流通等环节的技术条件，并逐步建立支撑草食家畜产业化发展的技术体系。第三，将卫星遥感、地理信息技术应用于草地资源调查，牧区雪灾、火灾和草地资源动态监测中。第四，畜牧养殖地区已建立畜牧兽医信息网络系统，基本可以实现网络化办公要求，由此启动宏观预警和专家网上信息咨询服务。

整体来看，我国智慧畜牧业基础设施建设仍旧处于起步发展时期，智慧畜牧业关键技术仍需进一步提高。

# 第三节　智慧畜牧业的发展趋势

## 一、建立数字化畜牧业服务体系

数字化畜牧业服务体系以电信公用数据网络为依托，通过建立畜牧业网络信息综合资源平台，面向全社会和用户提供全面的畜牧业信息服务。具体包括以下几种要素。

第一，畜牧业信息数据库。旨在实现各级数据库的多向互联互通和资源共享。

第二，畜牧业信息资源采集系统。以积极推进各级畜牧管理机构信息终端建设为主，保证各类信息采集渠道畅通，使市场价格、科技、政策、生产、资源环境等各信息采集系统更加统一规范。

第三，畜牧业信息资源加工、发布、管理系统。以现代化信息技术为依托，深入挖掘和充分利用畜牧信息资源，并建立自动采集网络畜牧信息的专业搜索引擎，构建畜牧数字化信息采集、加工、处理和发布为一体的实用化系统、多媒体服务系统平台。

第四，畜牧业专家咨询决策系统。主要包括畜牧业宏观预警、饲养管理、疫情防治和实用技术系统。

第五，多媒体畜牧业技术推广系统。以计算机网络系统提供文本、图形、声音、动画和视频等功能，将信息交织组合并加以表现，为畜牧养殖人员提供通俗易懂的先进实用畜牧技术。

第六，畜产品供求分析预测系统。主要对产品供求、价格、进出口贸易等进行实时监测与分析。

第七，畜产品、畜牧业生产投入品网上交易系统。利用畜牧兽医在线信息资源平台，构建畜牧产品、畜牧业投入品网上交易系统，以此实现产销对接，增加畜牧产品经济效益。

## 二、建立智能化畜牧宏观管理体系

当前，我国正逐步推进畜牧信息管理及决策支持系统的应用进程，加快实现电视、电脑和电话的三网融合，为畜牧行业人员提供在线办公、专家在线技术咨询、数据自动统计汇总、信息采集和发布、GIS 畜牧信息动态显示、电话语音点播、电视节目点播和微机智能诊断等功能，为畜牧养殖人员提供最新的畜牧业信息动态。

构建精细化畜牧养殖技术平台，应涵盖个体信息管理系统、繁殖动态监测系统、饲养与饲料系统、疾病与防疫系统、生产管理系统和质量安全追溯系统。

## 三、树立长远智慧畜牧业发展观

实现畜牧业全面数字化，是一个长期的过程。因此，发展智慧畜牧业可从经济较为发达的地区开始，逐步向经济落后地区扩展，进而实现全面数字化。另外，智慧畜牧业建设应以精细养殖和网络信息管理为基础，实现全环节数字化生产管理。

# 第四节　智慧畜牧业技术与产品的研究

相对来说，我国智慧畜牧业建设仍处于发展期。第一，应探索建立共享标准、共享原则和政策、数据标准。第二，由于信息数据来源复杂，如何更好地应用这些数据，是一个有待解决的难题。第三，在推进智慧畜牧业建设集约化、专业化、智能化的过程中，传递消息的准确性和网络支持，畜牧业信息网络和接收终端的研发和应用，是未来畜牧业发展过程的研究方向。第四，建设智慧畜牧业是一项复杂的、知识高度密集的、大规模综合集成的系统工程，智慧畜牧业将计算机、网络、数据库、人工智能等技术融合其中，需要进一步研究和解决。第五，依托专家系统、决策支持系统和开发工具，借助网络信息传输手段，自动调节和控制智慧畜牧业基础设施运转、畜牧业技术操作、畜牧业经营管理运行等。

除此之外，以 3S 技术（RS、GPS、GIS）为代表的精准畜牧业产品开发、虚拟畜牧业技术研究与应用、节能技术研发应用、精准畜牧、食品安全技术、流通与商务技术等方向的研究，可以减少智慧畜牧业盲目发展情况，从而向国家提供可观的生态效益、社会效益和经济效益，为实现畜牧产业持续健康和跨越式发展作出积极贡献。

# 第二章　动物营养与饲料

本章主要介绍畜牧养殖的动物营养与饲料，主要从五个方面进行了阐述，分别是饲料营养物质与畜禽营养、饲料营养价值的评定、动物维持营养需要与生产营养需要、动物的饲料标准、饲料的营养分类与营养特征。

## 第一节　饲料营养物质与畜禽营养

蛋白质是一切生物生命活动的物质基础，是细胞的重要组成部分，也是动物体内除水分外含量最多的物质。蛋白质是维持生命体运转的主要成分，具有重要的生物学性质，在体内发挥重要的生物学功能。因此，畜禽从业人员应重视蛋白质在畜禽营养中的特殊地位。

### 一、蛋白质与畜禽营养

#### （一）各类动物蛋白质的营养特点

1. 非反刍动物

（1）消化

饲料蛋白质一旦进入胃系统后，胃酸和胃蛋白酶就会产生作用，此时约20%的蛋白质会被分解为较小分子的胨与脲，与未被分解消化的蛋白质进入小肠系统，直至完成消化。小肠中的胰蛋白酶和糜蛋白酶，对分解消化蛋白质和大分子肽有帮助作用。蛋白质和大分子肽可以分解为大量游离氨基酸和小分子肽（寡肽）。而小肠和胃中未被分解消化的饲料蛋白质，则在大肠的作用下以粪便的形式排出体外。已排出体外的部分蛋白质和氨化物，经由腐败细菌降解生成吲哚、粪臭素、酚、氨等有毒物质，还有一部分会在肝脏解毒作用下以尿液的形式排出体外。在大肠中，部分蛋白质和氨化物还可以在细菌利用下，不同程度地降解为氨基酸和氨，其中，部分可被细菌利用合成菌体蛋白，但合成的菌体蛋白绝大部分随粪排出，只有少部分被再度降解为氨基酸后能由大肠吸收。

由于马、驴、骡等草食动物的盲肠结构较为发达，它们可以有效利用氨化物，以微生物发酵为主要方式。

（2）吸收

单胃动物会在体内吸收氨基酸，小肠（尤其是十二指肠）是主要吸收部位，另外还可以吸收少量的寡肽。新生的幼猪、幼驹、幼犬、犊牛及羔羊的血液内几乎不含 γ-球蛋白。但在出生后 24～36 h 内可依赖肠黏膜上皮的胞饮作用，直接吸收初乳中的免疫球蛋白，以获取抗体得到免疫力。

（3）特点

①猪体内的小肠器官是吸收蛋白质的主要场所，经酶作用生成大量的氨基酸和少量的寡肽，最终被机体吸收利用。猪体内的大肠细菌也可以经由少量氨化物合成菌体蛋白质，但大部分氨化物会随粪便排出。由此可知，猪只能大量吸收饲料中的蛋白质，而不能大量吸收氨化物。

②畜禽腺胃容积小，故饲料中的蛋白质无法被充分消化吸收。其肠胃是磨碎饲料的主要器官，主要通过小肠消化吸收蛋白质，其特点与猪大致相同。

③马属动物和兔等单胃草食动物，都拥有相当发达的盲肠与结肠，能助推饲料中的蛋白质被充分消化吸收。另外，草食动物中的盲肠与结肠消化吸收蛋白质的过程与反刍动物大致相似，胃和小肠消化吸收蛋白质的过程与猪大致相似。由此可知，草食动物既能消化吸收饲料中的蛋白质，又能消化吸收饲料中的氨化物。

2. 反刍动物

（1）消化

饲料蛋白质进入瘤胃，经由瘤胃微生物蛋白质水解酶作用，依次分解生成肽、游离氨基酸。而蛋白质消化分解产物——肽和氨基酸，一部分在微生物的作用下合成菌体蛋白质，一部分在细菌脱氨酶的作用下由脱氨基降解生成 $NH_3$、$CO_2$ 和挥发性脂肪酸。饲料中的非蛋白氮化合物（NPN）在细菌尿素酶的作用下分解生成 $NH_3$ 和 $CO_2$。其中，$NH_3$ 经由细菌合成微生物蛋白质（MCP），也被称为菌体蛋白质。在瘤胃中经发酵分解生成的蛋白质称为瘤胃降解蛋白质（RDP）。在瘤胃中，只有细菌能利用氨化物，纤毛虫只能利用由细菌分解而来的现成的肽和氨基酸合成纤毛虫体蛋白，具有改善饲料蛋白质品质的作用。

未经瘤胃微生物降解的饲料蛋白质直接进入后部胃肠道，通常称这部分饲料蛋白质为过瘤胃蛋白质（RBPP），亦称为未降解蛋白质（UDP）。

过瘤胃蛋白质和瘤胃微生物蛋白质经由瘤胃转至皱胃，而后进入小肠器官。这一蛋白质消化过程和单胃动物相类似，都是通过胃肠道分泌的蛋白质酶进行水解。

（2）吸收

瘤胃壁对 $NH_3$ 的吸收能力极强，饲料中含有的蛋白质和氨化物，经由瘤胃内的细菌降解作用生成氨。氨既可以用于合成蛋白质，还可以在瘤胃、真胃和小肠中被吸收，然后转至肝脏用以合成尿素。大部分尿素会在进入肾脏后随尿液排出，小部分尿素则会被转到唾液腺随唾液返回瘤胃，然后被细菌消化吸收。这一循环往复的过程被称为瘤胃氮素循环（或尿素循环），可以为反刍动物输送蛋白质营养，将饲料中的劣质粗蛋白质加以转化利用，并将食物的植物性粗蛋白质循环转化，生成菌体蛋白质，以供畜类体内消化吸收。但过多的蛋白质，特别是优质蛋白质被细菌降解，反而降低了蛋白质的吸收率，且不利于氨化物的利用。

小肠对蛋白质的吸收形式同单胃动物一样。

（3）特点

瘤胃在微生物降解作用下消化吸收蛋白质，而小肠则是在酶的作用下完成消化吸收。反刍动物既能将饲料中大量的真蛋白质消化吸收，又能有效地利用氨化物。在瘤胃中微生物的作用下，饲料蛋白质会发生较大的变化，生成饲料中没有的氨基酸成分。反刍动物体内的小肠，可将瘤胃合成的微生物蛋白质和饲料蛋白质加以消化。瘤胃微生物蛋白质的营养成分仅次于优质动物蛋白质，其与豆饼、苜蓿叶蛋白质大致相等，但却优于大多数谷物蛋白质。

**（二）蛋白质、氨基酸的质量与利用**

蛋白质的质量是指动物消化吸收饲料蛋白质后用于新陈代谢的程度、用于生产时对氮和氨基酸需要的程度。饲料蛋白质的质量与满足的动物需要成正比。饲料蛋白质的质量，即氨基酸的组成比例（模式）和数量，尤其是体内所必需的氨基酸比例和数量。了解和评定饲料蛋白质的质量具有重要意义。

1. 必需、非必需及限制性氨基酸

（1）必需氨基酸

约有 20 多种氨基酸可构成蛋白质，这些氨基酸对动物来说尤为重要。部分类型的氨基酸是无法在动物体内合成的，或者合成时间长，并且无法满足机体代谢需要。因此，这部分氨基酸就需要依赖饲料直接供给，被称为必需氨基酸。成年动物体内必需的氨基酸共有 8 种，分别是赖氨酸、蛋氨酸、色氨酸、缬氨酸、亮氨酸、苯丙氨酸、苏氨酸、异亮氨酸；生长动物体内必需的氨基酸共有 10 种，由成年动物体内必需的 8 种氨基酸加上精氨酸、组氨酸组成。雏鸡体内必需的氨基酸共有 13 种，由生长动物体内必需的 10 种氨基酸加上甘氨酸、胱氨酸、酪氨酸组成。

各种动物体内的必需氨基酸种类并无太大区别，但是受遗传特性的影响，又存在一定的差异。

（2）非必需氨基酸

动物体内可以合成部分种类氨基酸，或者可以将其他种类氨基酸转化而成。这种并非由饲料直接提供的氨基酸，称为非必需氨基酸，包括丙氨酸、谷氨酸、丝氨酸等。

按照饲料供应进行划分，氨基酸可以分为必需和非必需两类。如果站在营养角度去思考，那么动物合成蛋白和合成产品都必须依赖上述两类氨基酸，并且这两类氨基酸具有较为密切的关系，即某些特定非必需氨基酸在合成前，需要依赖必需氨基酸；当饲料中的某些非必需氨基无法满足时，则需要转化必需氨基酸，以此替代非必需氨基酸。饲养过程中，要尤其重视非必需氨基酸的供给程度，以防必需氨基酸转为非必需氨基酸。

根据已有的研究显示，蛋氨酸脱甲基后可转为胱氨酸和半胱氨酸。蛋氨酸可用以替代猪和鸡所需 30% 的胱氨酸量。如果为猪和鸡提供充分的胱氨酸，那么就会相应节省蛋氨酸。同理，若提供充分的酪氨酸，则会相应节省苯丙氨酸。吡哆醇是丝氨酸和甘氨酸相互转化的参与物。而丝氨酸又能完全代替甘氨酸参与体内合成反应，并且对雏鸡生长速度及饲料转化率没有影响。

反刍动物本身不能合成必需氨基酸，但是在瘤胃微生物的作用下可合成大量的必需和非必需氨基酸。一般而言，产奶量高或生长快速的反刍动物，经由瘤胃合成的氨基酸，数量和质量不能满足机体本身需要，应由饲料为其提供过瘤胃蛋白。

（3）限制性氨基酸

由于种类、生理状态等情况的差异，动物需要的必需氨基酸比例会有所不同，并且当饲料中缺乏某些必需氨基酸时，其他种类氨基酸就会被限制消化吸收，这会造成饲料中蛋白质的吸收率下降，这些种类的氨基酸就称为限制性氨基酸。必需氨基酸中供给量与需要量之间的比例失衡，就会加剧缺乏程度，从而增强限制作用。由此，按照饲料中各种必需氨基酸缺乏程度划分，依次是第一限制性氨基酸、第二限制性氨基酸、第三限制性氨基酸……

非反刍动物饲料限制性氨基酸的顺序容易确定。由于瘤胃微生物的作用，过瘤胃饲料蛋白和微生物蛋白混合物的限制性氨基酸，对反刍动物有一定影响。瘤胃微生物只能提供少量的蛋氨酸，该类氨基酸是反刍动物的主要限制性氨基酸。饲料种类是影响不同动物限制性氨基酸顺序的主要因素。例如，赖氨酸是猪体内的第一限制性氨基酸；蛋氨酸是家禽体内的第一限制性氨基酸。饲养生产实践过程，应根据饲料限制性氨基酸顺序添加合成氨基酸，或平衡饲料氨基酸。

2. 氨基酸平衡与理想蛋白质

（1）氨基酸平衡

氨基酸平衡，即饲料中的必需氨基酸数量、比例与动物特定的需要量保持相符。简单来说，就是保持供给与需要之间的平衡，这种平衡要求是最佳生产水平的需要量。蛋白质的质量如何，重点在于必需氨基酸数量和比例是否恰当。在实际生产中，饲料蛋白质中的必需氨基酸数量、比例与动物特定需要量不匹配，这就要求饲养者必须平衡饲料氨基酸，保证饲料蛋白质的质量和可吸收程度。

①氨基酸的缺乏。饲料中蛋白质含量低时，会出现一种或几种必需氨基酸含量无法满足动物体内代谢及生产需求的情况。但是，氨基酸缺乏不能视为蛋白质缺乏。以我国南方为例，部分地区常会将机榨菜籽饼做成饲料，为猪提供所需的蛋白质。然而，这会致使饲料中的蛋白质含量超过限定标准，且个别氨基酸含量（如赖氨酸）仍无法满足机体需要，或者出现蛋白质不足、个别氨基酸充足的情况。

②氨基酸的失衡。饲料中氨基酸的比例并不能等于动物需求比例。一种或几种氨基酸数量过多或过少，都会导致氨基酸失衡。而氨基酸失衡，是以比例失衡

为主，导致所需的氨基酸数量缺乏。实际生产环节，饲料氨基酸失衡一般都同时存在氨基酸缺乏的情况。

③氨基酸的互补。氨基酸互补，即配制饲料过程中，根据饲料氨基酸含量和比例，将两种或两种以上的饲料蛋白质相互配合，取长补短，以此平衡饲料氨基酸比例，实现饲料氨基酸的功能。实际生产环节，氨基酸互补已成为改善饲料蛋白质质量和利用率的实用方法。

④氨基酸的拮抗。某些氨基酸过量时，会出现肠道、肾小管与其他氨基酸彼此竞争吸收的情况，以增加机体对该氨基酸的需求，这种现象称为氨基酸的拮抗。例如，赖氨酸会对肾小管吸收精氨酸产生干扰，从而出现精氨酸数量增加的情况。此外，缬氨酸与亮氨酸、异亮氨酸之间存在拮抗作用，苯丙氨酸与缬氨酸、苏氨酸，亮氨酸与甘氨酸，苏氨酸与色氨酸之间也存在拮抗作用。某几类氨基酸之间的拮抗作用，与这些氨基酸的数量比例有关比例相差越大，拮抗作用越明显。拮抗往往伴随氨基酸失衡。

⑤氨基酸的中毒。过量添加某种氨基酸导致动物生产性能降低，甚或表现出特异症状，这种现象即为氨基酸的中毒。添加其他氨基酸可以略微缓解中毒症，但却不能完全消除该症状。蛋氨酸毒性较大，如果动物机体过量吸收蛋氨酸，就会抑制动物成长，减少蛋白质可消化吸收成分。蛋氨酸是一种必需氨基酸，最容易导致发生氨基酸中毒现象。

（2）理想蛋白质

即各种氨基酸、供给合成非必需氨基酸的氮源之间，具有最佳平衡的蛋白质。必需氨基酸总量与非必需氨基酸总量比例约为 1∶1，也就是日供应饲料蛋白质氨基酸含量，与动物实际需要量保持一致。

理论上来说，各种氨基酸会以一定比例参与某一蛋白质代谢过程，这种比例要以某种氨基酸最低值为基准，各种氨基酸需要按照此比例来参与蛋白质代谢过程。如果超出比例规定要求（即过量的氨基酸），那么就不能参与蛋白质代谢过程。这些过量的氨基酸，含氮部分需经由转氨基作用、脱氨基作用等，以尿素或尿酸的形式排出体外，不含氮部分或是转为体内脂肪，或是分解生成二氧化碳和水，最终以能量形式释放出来，但最终结果只是导致蛋白质浪费，降低生产性能。

### （三）反刍动物对非蛋白含氮物的利用

反刍动物所需的含氮（NPN）化合物，即尿素、二缩脲、铵盐等，可替代蛋白质饲料，为反刍动物提供合成菌体蛋白所需的氮源，从而有效节约动植物性蛋白质饲料。

反刍动物通过瘤胃中的细菌来加工含氮物（NPN），并将含氮物作为氮源，将可溶性碳水化合物作为碳架和能量的来源，用以合成菌体蛋白，最后在消化酶的作用下被消化利用。

动物机体无法直接利用尿素中的碳、氢、氧、氮等成分，这是因为尿素溶解度较高，会在瘤胃中快速转为氮。如果过量饲喂动物，那么动物瘤胃中可能会积聚大量的氮，从而产生氨中毒（致命性）的现象。但如果饲喂合理，那么就会为反刍动物提供所需的氮源。

为反刍动物饲喂含有尿素的饲料，应注意这几点：第一，瘤胃微生物利用尿素需要循序渐进的适应过程，时间约为2～4周。第二，利用尿素输送氮源时，应补以硫、磷、铁、锰、钴等元素，氮与硫的比例应为（10～14）：1。第三，当日饲料提供的氮源如果能够满足瘤胃微生物需要，那么再添加含氮物则会降低效果。而用以满足微生物正常生长所需的蛋白质数值，会根据当日饲料能量水平、采食量和蛋白降解率而发生变化，在高能量或高采食量的情况下，微生物生长越旺盛，对含氮物的利用能力就会增强。第四，在为反刍动物饲料中添加尿素时，应注意是否会发生氨中毒。一般情况下，当瘤胃氨水平达到 800 mg/L、血氨浓度超过 50 mg/L 时，就可能出现中毒的现象。区分是否为氨中毒时，可以观察是否存在神经症状及强直性痉挛，是否在 0.5～2.5 h 内发生死亡。如出现死亡情况，应及时灌服冰醋酸与机体内的氨进行中和，或者使用冷水降温瘤胃的方法。为奶牛提供饲料时，尿素的含量不能超过饲料干物质的 1%，这样可以保证安全性，达到最佳饲喂效果。一些饲料（如青贮料）本身就含较高的含氮物，对此应减少尿素用量。

## 二、碳水化合物与畜禽营养

碳水化合物是自然界分布极广的一类有机化合物。它主要存在于植物体组织中，而在动物体内含量甚少。碳水化合物来源形式广泛、利用成本低，是动物生产环节主要依赖的能源，对动物营养具有重要作用。

**（一）碳水化合物的组成与性质**

碳水化合物主要包含碳、氢、氧三种元素，这三种元素按照 1：2：1 的比例构成基本糖单位。氢和氧的比例和水的组成比例一致，所以称之为碳水化合物。在生物化学中常用糖类这个词作为碳水化合物的同义语。但是，习惯上糖是指水溶性的单糖和寡聚糖，不包括多糖。寡聚糖又称为低聚糖或寡糖，含 2～10 个基本糖单位；含 10 个基本糖单位以上的称为多聚糖，包括淀粉、纤维素、半纤维素、果胶、半乳聚糖、甘露聚糖、黏多糖等，纤维素、半纤维素、果胶则统称为非淀粉多糖（NSP）。根据非淀粉多糖的水溶性，将溶于水的称为可溶性非淀粉多糖，如 β - 葡聚糖、阿拉伯木聚糖等；不溶于水的则称为不溶性非淀粉多糖，如纤维素、半纤维素。

当前，可溶性非淀粉多糖（NSP）的抗营养作用引起广泛关注。大麦中的可溶性 NSP 以 β - 葡聚糖为主，并含有部分阿拉伯木聚糖。由于猪、鸡的消化道缺乏相应的内源酶，降解可溶性 NSP 就具有一定难度。可溶性 NSP 在与水分子直接作用下，会增加溶液的黏性程度，并且黏性程度会随着多糖浓度的增加而增加。多糖分子本身会互相作用，由此缠绕构成网状结构，该作用过程会增加溶液黏性程度，甚至会形成凝胶。如果可溶性 NSP 出现在动物消化道内，那么就会将待消化的食物变得更加具有黏性，这就阻止养分接近肠黏膜表面，降低养分消化率。

在常规饲料分析中，碳水化合物包括无氮浸出物和粗纤维两大类。

1. 无氮浸出物

无氮浸出物是饲料有机物除去含氮物质、脂肪和纤维性物质以外的物质总称，包括单糖、双糖和多糖类（淀粉类）等，又称为可溶性碳水化合物。无氮浸出物很容易被动物消化吸收和利用，是动物所需能源的主要来源，多余的部分能转化为体脂储存起来。

2. 粗纤维

粗纤维通常是指植物性饲料中那些不溶于水或稀酸、稀碱，动物难于消化的一系列物质的化合物，它包括纤维素、半纤维素、果胶和木质素等。

（1）纤维素

作为构成植物细胞壁的主要成分，纤维素在粗饲料中的占比含量（粗纤维）

为 70%～80%，是天然有机物中存在数量最多的化合物。动物消化液缺乏分解纤维素的酶，但动物的瘤胃和大肠内的一些细菌、原虫及霉菌，可以作为分解酶分解纤维，这些微生物为反刍动物提供营养价值高的养分。

（2）半纤维素

半纤维素是植物细胞壁的构成成分之一。一般在植物体内和纤维素一起存在，并与木质素紧密联系，大量存在于植物的木质化部分，是己糖和戊糖的混合聚合物。

（3）果胶

果胶作为一种胶体物质存在于细胞之间，还有一部分充满细胞壁内的纤维物质的间隔，在植物细胞壁中占 1%～10%。部分果胶可在稀酸溶液内溶解，该可溶性果胶可为瘤胃细菌提供效益较高的营养液，主要以发酵形式被利用。还有一部分果胶则是和木质素及其他纤维物质紧密结合在一起，这部分果胶不能在稀酸溶液内溶解，故果胶消化率低。该部分果胶在禾本科牧草内的含量比豆科高。一般而言，天然纤维素难以被纤维酶影响，或许是与其细胞壁的胶体物质（果胶覆盖部分）有关。

（4）木质素

实际上，木质素并不属于碳水化合物。木质素是细胞壁的重要组成成分，它可以对其他纤维物质的利用产生影响。因此，这里将木质素与碳水化合物放在一起讨论。木质素，即植物生长成熟后在细胞壁中出现的物质，一般含量在 5%～10% 之间，是苯丙烷衍生物的聚合物。动物体内的微生物分泌的酶，无法降解木质素。此外，木质素与细胞壁中的多糖共同组成复合物，由于动物体内的酶很难降解这种复合物，从而限制了动物对植物细胞壁物质的利用。但特殊的霉菌和土壤细菌则可破坏木质素的结构，用碱处理秸秆时，可破坏半纤维素与木质素的联系，有利于动物对半纤维素的消化。

**（二）各类动物碳水化合物的营养特点**

1. 非反刍动物

（1）消化

饲料碳水化合物进入口腔同唾液混合后便开始化学消化。但这种作用不是所有非反刍动物都有的。猪、兔、灵长目动物等的唾液中含有 α - 淀粉酶，在微碱性条件下能将淀粉分解成麦芽糖和糊精。但是，由于时间较短，很难将其彻底消化。其他非反刍动物的唾液只起物理消化作用。下面以猪为例，介绍其对碳水化合物的消化代谢过程。

饲料中的淀粉在猪的口腔中一部分，被分解为麦芽糖，这部分麦芽糖和未被分解的淀粉一起进入胃中，在胃内酸性条件下，仅有部分淀粉和部分半纤维素被酸解，消化甚微。淀粉和麦芽糖又向后移，到达十二指肠后受肠、胰淀粉酶和麦芽糖酶的作用，把淀粉水解为麦芽糖，麦芽糖再水解为葡萄糖。其他的糖类，则由相应的酶作用水解成单糖。

在小肠内未被消化的淀粉和葡萄糖，会被转至盲肠和结肠中，在细菌作用下生产出具有挥发性的脂肪酸和气体（多以二氧化碳、甲烷为主）。气体经由粪便排出体外，挥发性脂肪酸则经由肠壁吸收利用后参与机体新陈代谢。饲料中所含的纤维性物质，在进入猪的胃器官和小肠器官后不会发生改变，在转至盲肠和结肠后，经由细菌发酵，纤维素便被分解生成挥发性脂肪酸（VFA）和二氧化碳（$CO_2$）。其中，部分挥发性脂肪酸（VFA）可被肠壁吸收，其余挥发性脂肪酸（VFA）和二氧化碳（$CO_2$）则经由粪便排出体外。

（2）吸收

消化吸收碳水化合物的过程主要依赖十二指肠完成。其中，小肠所吸收的单糖以葡萄糖和少量果糖、半乳糖为主，而大肠则可吸收少量的挥发性脂肪酸（VFA）。

单糖种类不同，十二指肠吸收速度也就不同。其中，半乳糖吸收速度最快，紧接着便是葡萄糖、果糖、戊糖。肠黏膜细胞内的果糖可转为葡萄糖，而葡萄糖在被肠壁吸收后就会进入血液中，大部分葡萄糖会在体循环作用下向身体各组织输送，用以参加三羧酸循环，实现氧化供能。部分葡萄糖会在肝脏系统中合成肝糖原，还有部分葡萄糖经由血液向肌肉组织输送生成肌糖原。葡萄糖含量过多时，会向脂肪组织及细胞中输送生成体内脂肪，作为能量储备而利用。

（3）特点

猪体内的碳水化合物，其营养成分主要通过葡萄糖代谢来完成。猪体内的十二指肠是主要的消化吸收部位，并需要依赖酶的作用进行。此外，猪体内的大肠部位经由细菌发酵进行挥发性脂肪酸代谢。这也表明，猪可以较为充足地利用无氮浸出物，但是却不能很好地利用粗纤维。在饲喂实践环节，用以饲喂猪的饲料，粗纤维含量不能过高，若是生长发育的肥猪可将（粗纤维）含量控制在8%以下，若是母猪则可将（粗纤维）含量控制在10%~12%。

马属动物体内的碳水化合物，营养成分以粗纤维形成的挥发性脂肪酸（VFA）为主，以淀粉形成的葡萄糖为辅。当马属动物运动或工作时，用以饲喂马属动物的饲料，需要具备较多的能量，日饲料应以含淀粉多的精料为主；当马属动物休息时，用以饲喂马属动物的饲料可以富含粗纤维的秸秆类饲料为主。马属动物因有比较发达的盲肠和结肠，故对粗纤维的消化能力比猪强，但不如反刍家畜。

家禽碳水化合物的营养与猪相似，但鸡的唾液分泌量少，加上饲料粒度限制，口腔中对淀粉的消化不具明显的营养意义。

2. 反刍动物

（1）消化

饲料碳水化合物被牛羊采食后，淀粉在口腔中消化极微，虽然牛羊每昼夜内产生的唾液量大，但是唾液中淀粉酶的含量少，活性弱，因此，饲料淀粉在口腔中几乎不被消化。粗纤维在口腔内部开始消化，在进入瘤胃后，被瘤胃微生物酵解产生乙酸、丙酸和丁酸等VFA，同时产生甲烷、氢气和二氧化碳等气体以嗳气方式排出体外。

（2）吸收

瘤胃中形成的VFA约75%通过瘤胃壁扩散进入血液，约20%经皱胃和瓣胃壁吸收，约5%经小肠吸收参与体内代谢。其中，乙酸在牛羊体内可参与三羧酸循环（TCA）进而产生能量，每1 mol乙酸通过TCA，能储藏约10个三磷酸腺苷（ATP）的能量。乙酸被输送至乳腺组织中，可以用来合成乳脂肪。丙酸被吸收后进入肝脏，经糖异生作用转变为葡萄糖，并通过TCA可以在动物体内形成相当于18个ATP的能量。丁酸是乳脂中的一种短链脂肪酸，它可与乙酰CoA缩合成较高级的脂肪酸，也可以参与生物氧化，1 mol丁酸完全氧化后能产生约26个ATP的能量。

（3）特点

反刍动物体内的碳水化合物，营养成分以形成挥发性脂肪酸（VFA）为主，形成葡萄糖为辅。反刍动物消化的部位集中在瘤胃，还有小肠、盲肠和结肠部位。

反刍动物既能消化无氮浸出物，又能消化粗纤维。瘤胃发酵生成的挥发性脂肪酸数量，需要根据日粮组成、微生物区系等因素判断。

如果是牛，那么就应该适当提高饲料中的精料比例，或者将粗饲料磨成粉状饲喂。瘤胃所生成的乙酸减少，丙酸就会增多，这就为合成体脂肪提供了有利条件，进而增重和改善肉质。如果是奶牛，在饲料中增加优质粗饲料含量，就会生成较多的乙酸，这样就为形成乳脂肪提供有利条件，进而提高乳脂率。但同时还要考虑产奶量的提高，故奶牛日粮中粗饲料给量一般为体重的 1.5%～2%。[①]

### （三）粗纤维在动物饲养中的作用

动物体内的微生物酶分解产物或微生物代谢产物，实际上就是纤维的利用过程。当植物细胞壁越成熟、木质化程度越高时，粗纤维就越不易被微生物消化。

实际上，粗纤维的负面作用已不言而喻，如饲料中粗纤维含量较高，消化道中的食物流通速度就会加快，这会降低动物消化淀粉、蛋白质、脂肪和矿物质的效率。粗纤维可消化率低，这会影响动物机体对其他营养物质的消化吸收，从而使饲料的使用效益降低。此外，饲料中的粗纤维含量增高，会使动物消化道内源蛋白质、脂肪和矿物质受损。因此，在制作动物（尤其是单胃动物）饲料配方时，往往把粗纤维作为限制因素，即规定动物饲料中的粗纤维含量不得超过指定最高含量。对于粗纤维，也要看到它对动物有利的一面，以便在动物饲养中合理利用。

1.营养作用

粗纤维是草食动物的主要能源物质，可刺激消化道黏膜，促进胃肠蠕动和粪便排出，保证消化机能正常。日粮中完全没有粗纤维反倒有害，特别是草食动物会出现机能紊乱，导致消化疾病。

2.填充作用

由于粗纤维吸水量大，进入胃肠后，其体积膨胀增大，可起到填充胃肠道的作用，使动物食后有饱腹感。

---

① 李光全，胡常红 . 畜牧学概论 [M]. 成都：电子科技大学出版社，2016.

# 第二节 饲料营养价值的评定

## 一、化学分析方法

主要通过化学分析和物理化学分析技术测定饲料营养物质、抗营养因子以及毒害成分的含量。

概略养分分析法，又称为常规分析法。1860 年，德国学者亨尼勃格（Henneberg）和斯托曼（Stohmann）创建概略养分分析法，用以测定饲料水分、粗灰分、粗蛋白质、粗脂肪、粗纤维和无氮浸出物等六大概略养分含量。该方法在多次实验和修正后得以在各国应用。

范氏分析法，又称 Van Soest 洗涤纤维分析法。该方法被世界各国普遍应用，其通过中性洗涤剂溶液、酸性洗涤剂溶液和 72% 的浓硫酸依次处理饲料样品，将产生的不溶性残渣分别称为中性洗涤纤维、酸性洗涤纤维和酸性洗涤木质素，由此得出饲料中的纤维素、半纤维素和木质素的含量。

仪器分析法，即通过使用各种仪器设备，以此测定饲料中纯养分、抗营养因子及毒害物质的含量。该方法具备测定速度快、灵敏度高的特点。例如，在测定饲料氨基酸含量时，就可使用氨基酸自动分析仪；在测定矿物质含量时，就可使用原子吸收分光光度计；在测定饲料中维生素、抗营养因子、某些毒害成分等含量时，就可使用高效液相色谱仪、气相色谱仪或质谱仪。

## 二、消化试验

动物食用饲料后，消化吸收的养分量占摄入饲料养分总量的百分比，称为饲料养分的消化率。通常，可以通过消化试验法测定饲料养分和能量消化率，然后计算饲料中可消化养分的含量。该方法可以较为准确地反映饲料具备的营养价值，故成为评定饲料营养价值常用的基本方法。消化试验法又具体包含以下几种方法。

### （一）全收粪法

将供试饲料按试验要求饲喂给动物，然后测定动物在一定期间内食入的养分数量和从粪中排出的养分数量，以二者的差值来反映饲料中可消化养分含量，进而求得饲料养分的消化率。消化率可分为表观消化率和真消化率两种，按常规方法测定的消化率，因为测定过程中未将非直接饲料来源的物质（即代谢性粪产物，包括肠道脱落的黏膜上皮、消化液和微生物等）扣除，故称为表观消化率（apparent digestibility）；而将粪中非直接饲料来源的物质扣除后计算的消化率，称为真消化率（true digestibility）。但表观消化率的测定程序比较简便，因而在饲料营养价值评定中所测的消化率参数，通常为表观消化率。

二者的计算公式如下：

$$饲养养分表现消化率 = \frac{N_1 - N_2}{N_1} \times 100\%$$

$$饲料养分真消化率 = \frac{N_1 - N_2 - N_3}{N_1} \times 100\%$$

式中，$N_1$ 为食入饲料喂养分量；$N_2$ 为粪中排出养分量；$N_3$ 为代谢性粪产物量。

试验动物的头数可根据试验目的和要求确定，对于猪和羊一般每个处理组初选不应少于 6 头，最后选留头数不少于 3 头，以 4~5 头为宜；对于家禽则至少应选用 8~10 羽。猪可采用专用的消化试验栏或消化代谢试验笼进行集粪；绵羊和山羊一般采用消化代谢试验笼或集粪袋来收集粪便；牛则采用集粪袋或专用牛床进行集粪。

### （二）指示剂法

1. 外源指示剂法

常用的外源指示剂为三氧化二铬（$Cr_2O_3$），可将其按比例（约 0.5%）均匀地混入待测饲料（或饲粮）中饲喂给动物，然后根据它在饲料与粪中的比例计算出待测饲料的养分消化率。

$$饲料养分真消化率 = \frac{\dfrac{c}{a} - \dfrac{d}{b}}{\dfrac{a}{c}} \times 100\%$$

式中，$a$ 为饲料中某养分含量（%）；$b$ 为粪中相应养分含量（%）；$c$ 为饲料中 $Cr_2O_3$ 含量（%）；$d$ 为粪中 $Cr_2O_3$ 含量（%）。

### 2. 内源指示剂法

常用的内源指示剂主要为 2 mol/L 或 4 mol/L 盐酸不溶灰分（AIA），它们是饲料中本身所固有的不被消化吸收的成分。试验操作要求与外源指示剂法基本相同，计算公式也相同，但操作更为简便，测定结果更准确。

### （三）尼龙袋法

尼龙袋法主要用来测定反刍动物饲料蛋白质的瘤胃降解率。安装瘤胃瘘管后，将一定量（3～5 g）的待测饲料样品装入一个特制的尼龙袋中（尼龙滤布孔径为300 目，大小规格为 140 mm×90 mm），然后将尼龙袋系于塑料软管上，并通过瘤胃瘘管置入瘤胃内的一定部位，连续培养 12～48 h 后取出，冲洗干净，烘干并称重，同时再测定饲料样品及残渣的粗蛋白含量，即可根据下式计算饲料蛋白质的瘤胃降解率：

$$饲料蛋白质降解率 = \frac{培养前袋中样品含氮总量-残渣中含氮总量}{培养前袋中样品含氮总量} \times 100\%$$

本方法的主要优点是简单易行，重现性好，试验期短，便于大批量样品的分析测定。

### （四）体外消化试验法

该方法通常是在实验室内进行，辅以人工手段模拟动物消化道内环境和消化过程，最终在体外完成消化试验。全收粪法、指示剂法会耗费大量的人力、物力和时间，尼龙袋法则会消耗较多的试验动物和设备（主要是瘘管），并且操作相对较为麻烦。因此，体外消化试验法开始受到研究和关注。按照消化液来源划分，可将体外消化试验法分为消化道消化液法和人工消化液法。

## 三、平衡试验

消化试验法只能用于测定饲料中可消化营养物质的含量，而不能用于测定动物体内吸收饲料养分的情况。平衡试验法可以用于测定动物体内摄入、排出和沉积的营养物质含量，以此得出动物体内所需的营养物质含量和使用率。常见的平衡试验法包括以下几种。

### （一）氮平衡试验（nitrogen balance test）

根据动物摄入的饲料氮与粪氮、尿氮排出量之间的差异来反应动物体组织中蛋白质数量的增减情况，从而评定饲料蛋白质在动物体内的利用效率。通过氮平衡试验可以测定动物对蛋白质的需要量，评定饲料蛋白质的营养价值，如测定饲料蛋白质的生物性价值、净蛋白质利用率等。

### （二）碳氮平衡试验（carbon-nitrogen balance test）

碳氮平衡试验是评估动物对能量的需要、评定饲料能量利用效率的试验方法，此方法主要适用于生长肥育动物。碳氮平衡试验实际上是碳平衡试验与氮平衡试验的同步结合，通过氮平衡试验可以测定动物体内蛋白质的沉积量，在此基础上再与碳平衡试验结合，则可以测定出动物体内脂肪的沉积量，进而可以推算能量的沉积量。

## 四、饲料能量价值的评定

饲料能量实质是指饲料有机物质中的化学能，包括脂肪、蛋白质和碳水化合物中的化学能。当动物采食饲料后，饲料中的化学能可以不同的效率代谢转化为其他形式的能量，而在此转化过程中均符合热力学定律和能量守恒原理，这是评定饲料能量价值的基础。评定饲料能量价值的基本依据是饲料能量在动物机体内的生理利用过程，具体而言，就是指饲料总能、消化能、代谢能与净能等生理能值指标的划分和测定，这是饲料能值评定的基本依据。

### （一）总能（gross energy，GE）

饲料的总能是指饲料中有机物质完全氧化燃烧生成二氧化碳、水和其他氧化物时释放的全部能量，主要为碳水化合物、脂肪和蛋白质能量的总和，可通过氢弹式热量计直接测定。总能是评定饲料能值的最基础指标，是计算所有其他能值指标的基础，但总能并未反映饲料能量在动物体内的利用情况，因此，总能并不能准确地衡量饲料能量的价值。

### （二）消化能（digestible energy，DE）

饲料消化能是指动物食入饲料的总能扣除粪能（feces energy，FE）后所剩余的部分。粪能是动物食入饲料后能量损失最大的部分，由于动物粪便中除含有未消化的饲料残渣外，还含有非饲料源性的物质，如肠道脱落上皮细胞、消化液、微生物等，这些成分中也含有能量，称为代谢粪能（FEm），故此时计算的消化功能称为表观消化能（apparent di-gestible energy，ADE），从粪能中扣除代谢粪能后计算的消化功能称为真代谢能（true di-gestible energy，FDE）。计算公式为

$$ADE = GE - FE$$

$$TDE = CE - (FE - FEm)$$

由于 FDE 测定复杂，动物生产中应用的多是 ADE。我国猪饲养标准和饲料成分表中的能量指标均为消化能。

### （三）代谢能（metabolizable energy，ME）

代谢能是指饲料的消化能扣除尿能和消化道气体能后所剩余的部分，即 $ME = DE - UE - Eg$，又称为表观代谢能（apparent metabolizable energy，AME）。

尿能（urinary energy，UE）为尿中氮的代谢废物中含的能量，哺乳动物中主要来源于尿素，禽类中主要来源于尿酸。消化道气体能（Eg）主要来源于消化道发酵产生的可燃气体，主要是甲烷。同代谢粪能一样，尿能中也包括来源于非饲料源性的能量，称为内源尿能（urinary endogenous energy，UEe），将 UEe 扣除后的 ME 称为真代谢能（true metaboliza-ble energy，TME），计算公式为

$$TME = GE - (FE - FEm) - (UE - UEe) - Eg$$

由于禽类粪、尿均由泄殖腔排泄，难以分开，且消化道发酵产生气体少，故气体能可以忽略不计，因此家禽代谢能计算比较简单，在禽类营养需要和饲料营养价值表中，大都采用代谢能作为能值指标。公式为

$$ME = GE - (FE - UE)$$

### （四）净能（net energy，NE）

饲料净能是代谢能减去热增耗（heat Increment，HI）后剩余的有效能，即 $NE = ME - HI$。饲料净能根据其利用目的不同，可分为维持净能（NEm）和生产净能（NEp）两种，前者用于维持动物机体的生命活动；后者用于动物生产或做功，主要包括产脂净能（NEf）、泌乳净能（NEl）、增重净能（NEg）、产毛净能、产蛋净能和劳役净能等。

世界各国的家畜能量评定体系在今后的发展趋势仍然是净能体系，但是，由于目前的净能体系还不够完善，实际测定很费人力、物力，尚难以大批量地评定各种饲料的净能值，大多是由 DE 或 ME 进行间接推算，故世界各国目前只在大型反刍动物（牛）的饲料评定中采用净能体系。

## 第三节　动物维持营养需要与生产营养需要

### 一、动物维持营养需要

#### （一）维持营养需要的概念

维持营养需要是指动物不从事任何生产（包括生长、妊娠、泌乳、产蛋等），只是维持正常的生命活动，包括维持体温、呼吸、血液循环、内分泌系统正常机能的实现，支持组织的更新，毛发、蹄角与表皮的消长以及用于必需的自由活动等情况下，动物对各种营养物质的最低需要量。

实际上，维持状态下的畜禽，其体组织依然处于不断的动态平衡中，生产中也很难使家畜维持营养需要时处于绝对平衡的状态。因此，只能把空怀成年役畜、干乳空怀成年母畜、非配种季节的成年公畜、停产的母鸡等看成相近的维持状态。

#### （二）影响维持营养需要的因素

1. 年龄和性别

幼龄畜禽代谢旺盛，以单位体重计，基础代谢消耗比成年和老年畜禽多，故幼龄畜禽的维持需要相对高于成年和老年畜禽。性别也影响代谢消耗，公畜比母畜代谢消耗高，公牛高于母牛 10%～20%。

2. 体重和体型

一般说来，体重愈大，其维持需要量也愈多。但就单位体重而言，体重小的维持需要较体重大的高。这是因为体重小者，单位体重所具有的体表面积大，散热多，故维持需要量也多。

3. 种类、品种和生产水平

按单位体重需要计算，鸡最高，猪较高，马次之，牛和羊最低。一般代谢强度高的畜禽，按绝对量计，其维持需要也多，但相对而言，维持需要所对应的比例就愈小。例如，1 头 500 kg 体重的乳牛，日产 20 kg 标准乳时，其维持消耗占总营养消耗的 37%；而日产标准乳达 40 kg 时，仅占 23%。

4. 环境温度

畜禽都是恒温动物，只有当产热量与散热量相等时，才能保持体温恒定。而散热量受环境温度、湿度、风速的影响很大。当气温低、风速大时，散热量显著增加，动物为了维持体温的恒定，必须加速体内氧化分解过程，提高代谢强度，以增加产热量。在这种情况下，维持的能量需要就可能成倍增加。动物由于气温低开始提高代谢率时的环境温度，称为临界温度，也称为临界温度下限。在临界温度上限与临界温度下限之间的环境温度称为"等热区"。在等热区内动物代谢率最低，维持需要的能量最少。因此，无论严冬或酷暑都会增加动物的维持需要量。

5. 活动量

自由活动量愈大，用于维持的能量就越多。因此，饲养肉用畜禽应适当限制活动，可减少维持营养需要的消耗。

## 二、生产的营养需要

### （一）生长家畜的营养需要

生长期是指从出生到性成熟为止的生理阶段，其中包括哺乳和育成两个阶段。在这段时间内，家畜的物质代谢十分旺盛，同化作用大于异化作用。根据家畜生长发育规律，提供适宜的营养水平，是促进幼畜生长、培养出体型发育和成年后生产性能均良好的后备家畜的重要条件之一。

1. 生长的概念及衡量

生长可理解为：一是家畜体尺增大和体重的增加；二是机体细胞的增殖与增大，组织器官的发育与功能的日趋完善；三是机体化学成分（蛋白质、脂肪、矿物质和水分）的合成积累。最佳的生长体现在生长速度正常和成熟家畜器官的功能健全上。

在生长期中，动物的生长速度不一样。绝对生长速度，即日增重取决于年龄和起始体重的大小，呈慢—快—慢的趋势。相对生长速度，即相对于体重的增长倍数或百分比，则以幼龄的高速度逐渐下降直至停止。绝对生长速度愈大，相对生长速度愈高，表明生长速度愈快。

2. 家畜生长的一般规律及其应用

（1）体重变化规律

家畜在生长过程中，前期生长速度较快，随着年龄的增长，生长速度逐渐转缓，生长速度由快向慢有一转折点，称为生长转缓点。不同类型与品种的家畜生长转缓点不同，如秦川牛为 1.5～2 岁，哈白猪为 8～10 月龄间。

公畜体重增长速度一般高于母畜，牛、羊尤为明显。为此，在家畜生长前期应加强营养，以充分发挥其生长迅速的特点。对于生长期的公、母家畜应区别对待，使公畜的营养水平略高于母畜。

（2）生长重点顺序转移规律

家畜在生长过程中，各体组织和生长部位的生长速度、各时期生长重点不同，因而使其体型与体组织成分发生着变化。一般生长初期，体组织以骨骼生长最快，生长部位以头和四肢属于早熟部位，表现为头大、腿高；生长中期，肌肉生长加快，生长速度以胸部和臀部为快，体长生长加快；生长后期，体组织则以沉积脂肪为主，腰部生长和体长增长加快。因此，尽管畜体骨骼、肌肉与脂肪的增长和沉积在同时并进，但在不同阶段各有侧重，在生长早期重点保证供给幼畜生长骨骼所需要的矿物质；生长中期则满足生长肌肉所需要的蛋白质；生长后期必须供给沉积脂肪所需要的碳水化合物。对于种用畜禽和为了提高胴体瘦肉率的肥育家畜，应适当限制碳水化合物的供给，并在蛋白质沉积高峰过后屠宰。因此，生长家畜对矿物质、蛋白质、能量等的需要是有其侧重的。

3. 生长家畜营养需要的特点

根据体重增长规律，由于生长家畜能量代谢水平随年龄增长逐渐降低，并且单位增殖中脂肪沉积渐多，能量逐渐提高，故在培育后备种畜及肥育家畜中，为避免后期过肥，日粮中的能量水平应在不致过肥的情况下加以控制，即对某些种用畜禽应实行必要的限饲。

蛋白质的沉积也随年龄的增长而减少，日粮中蛋白质的利用率也有降低的趋势，故生长家畜单位体重所需要的蛋白质也应随年龄增长而减少。生长期家畜蛋白质需要量与能量相关，一般用消化能比可消化粗蛋白质（DCP）表示。牛体重为 40～70 kg 时为 22 ∶ 1，75～400 kg 时为 28 ∶ 1；绵羊与马为（25～30）∶ 1；猪为（20～30）∶ 1。

初生幼畜必须及时喂给初乳，以增强抗病力，也应提早补料，促进消化机能发育，满足营养需要。

**（二）泌乳家畜的营养需要**

泌乳是哺乳动物特有的机能。乳汁营养价值高，既是新生幼畜不可替代的食物，又是人类富有营养的优质食品。

*1. 乳的成分*

母畜分娩后前几天内所分泌的乳汁称为初乳，一般来说，牛 5～7 d 后转为常乳，猪生后 3 d 为常乳。各种家畜乳成分的含量不相同。乳成分含量范围大致为：干物质 10%～26%，蛋白质 1.8%～10.4%，脂肪 1.3%～12.6%，乳糖 1.8%～6.2%，灰分 0.4%～2.6%。乳中富含各种维生素，钙、磷含量符合幼畜需要。猪乳含铁较少，每千克乳含能量在 1.966～7.531 MJ 之间。

*2. 泌乳奶牛的营养需要*

测定泌乳需要的主要依据是泌乳量、乳成分和营养物质形成乳中各成分的利用效率。我国乳牛饲养标准中，分为维持需要和生产（泌乳、体重变化）需要。

（1）能量需要

①维持能量需要。乳牛的维持能量需要（净能 kJ）按 356（kJ）$W^{0.75}$ 计。

第一胎和第二胎乳牛由于生长发育尚未停止，应在维持基础上分别增加 20% 和 10%。当然，放牧运动、不同气温条件下的维持需要均有所变化。

②体重变化与能量需要。实验证明，成年母牛泌乳期每增重 1 kg 约相当于生产 8.0 kg 标准乳，每减重 1 kg 约相当于生产 6.56 kg 的标准乳。

③泌乳的能量需要。主要取决于泌乳量和乳脂率，可以直接用测热器测定，也可按乳中营养成分或乳脂率来间接推算。有以下几种公式计算：

每千克牛奶含有的能量（kJ/kg）=1 433.65+415.30× 乳脂率

每千克牛奶含有的能量（kJ/kg）=750.00+387.98× 乳脂率 +163.97× 乳蛋白

率 +55.02× 乳糖率

每千克牛奶含有的能量（kJ/kg）=166.19+249.16× 乳总干物质率

泌乳后期和妊娠后期的能量需要计算为：妊娠 6、7、8、9 个月时，每天应在维持基础上分别增加 4.18、7.11、12.55 和 20.92 MJ 产奶净能。

（2）蛋白质需要

维持需要的可消化粗蛋白质为 $3.0W^{0.75}$（g）或粗蛋白质 $4.6W^{0.75}$（g）时，平均每千克标准乳粗蛋白质 85 g 或可消化粗蛋白质 55 g。在满足维持的基础上可消化粗蛋白质的给量，妊娠 6、7、8、9 个月时分别为 77、145、255、403 g。

（3）矿物质需要

维持需要的矿物质每 100 kg 体重给钙、磷分别为 6、4.5 g；每 1 kg 标准乳给钙、磷分别为 4.5、3 g；食盐需要量：维持需要每 100 kg 体重给 3 g，每产 1 kg 标准乳给 1.2 g。

另外，注意维生素 A、维生素 D 的供给以及 B 族维生素的需要。

# 第四节　动物的饲料标准

## 一、饲养标准的特性和作用

### （一）科学性和先进性

饲养标准或营养需要是对动物营养科学和饲料科学领域研究成果的高度概括和总结，反映了动物生存和生产对饲养及营养物质的客观要求，体现了本领域科学研究的最新进展和生产实践经验的最新总结，具有很强的科学性和广泛的指导性。它是动物生产计划中组织饲料供给、设计饲粮配方、生产平衡饲粮和对动物实行标准化饲养的技术指南和科学依据。

### （二）条件性和局限性

饲养标准是在一定的条件下制定的，这些条件包括动物种类、品种、品系、年龄、性别，饲料、环境条件和管理水平等。在动物生产实际中，影响饲养和营养需要的因素除上述条件外，还有品种、动物之间的个体差异，以及饲料的适口性及其物理特性等，任何条件的改变均可能改变动物的营养需要和饲料养分的利用率。因此，在应用饲养标准时，要根据不同国家、不同地区、不同环境情况和对畜禽生产性能及产品质量的不同要求，对饲养标准中的营养定额酌情调整，才能避免其局限性。

### （三）权威性

饲养标准是在总结大量科学实验研究和实践经验的基础上，经过严格的审定程序，由权威行政部门颁布实施，具有权威性。同时，饲养标准又随着科学研究和实际生产的发展而变化，是一个与时俱进、不断发展完善的过程，因此，具有可变化性。

## 二、饲养标准的正确使用

饲养标准是基于畜牧业生产实践积累的经验，结合能量和物质平衡试验及长期的饲养试验结果的推算，最后经过生产实践加以验证而制定出来的，反映某种畜禽在不同生理状态和生产水平条件下，群体的平均营养需要量或供给量。

作为畜牧业现代化的产物，饲养标准高度概括了畜禽饲料、营养研究和生产实践的最新进展，是畜禽生产计划中组织饲料供给、设计饲粮配方、生产全价饲粮及对畜禽实行标准化饲养的科学依据。有了饲养标准，可避免生产中的盲目性和随意性，在保持畜禽健康，提高生产能力和新产品质量，合理利用饲料和降低生产成本等方面，均起着重要作用。

## 第五节　饲料的营养分类与营养特征

饲料是营养物质的载体，了解各类饲料的营养特点是合理利用饲料的基础。

## 一、饲料的分类方法

动物的饲料种类很多，为便于生产中的应用，需要根据各种饲料的性质或营养特点进行分类。目前采用的分类方法主要有以下两种。

### （一）国际饲料的分类法

根据国际饲料的命名和分类原则，可将饲料分为 8 类：粗饲料，青绿饲料，青贮饲料，能量饲料，蛋白质饲料，矿物质饲料，维生素饲料，添加剂。

### （二）我国饲料分类方法

我国现行的饲料分类体系是根据国际惯用的分类原则将饲料分为了 8 大类，又结合我国传统饲料分类习惯分为 16 亚类，并对每类饲料进行相应的编码。该饲料编码共 7 位数（0—00—0000），其中，首位数 1~8 为分类编码；第 2~3 位数有 01~16 共 16 种，是表示饲料来源、形态和加工方法等属性的亚类编码；第 4~7 位数则为同种饲料属性的个体编码。例如，玉米的编码为 4—07—0279，说明玉米为第 4 大类能量饲料，07 表示属第 7 亚类谷实类，0279 则为该玉米属性编码。

## 二、各类饲料的营养特点

### （一）粗饲料

粗饲料是指干物质中粗纤维含量大于或等于 18% 的饲料，包括干草、脱谷后的农副产品、粗纤维大于或等于 18% 的糟渣等。这类饲料共同的特点是粗纤维含量特别高，是草食动物日粮的重要组成部分。

1. 青干草

青干草指青绿植物在结实前被刈割后，经自然或人工干燥制成，因干燥后仍保持绿色，故称为青干草。青干草粉是一种营养价值较高的粗饲料，其中尤以豆科干草粉营养价值最高。优质干草粉具有草香味，适口性好，可替代部分能量饲料或蛋白饲料喂猪。

影响干草营养价值的因素包括植物的种类，刈割的时间，调制方法等。

2. 秸秆、秕壳

秸秆、秕壳是指农作物籽实收获后，茎秆枯叶部分和籽实脱粒后的副产品。秸秆和秕壳所含的粗纤维非常高，秸秆类所含粗纤维在 30% 以上，且含有大量木质素，对猪而言可消化性差。其能量和粗蛋白含量低，因此多用于反刍动物。此外，秸秆和秕壳中硅酸盐含量高，但钙、磷含量低。

粗饲料经过适当加工调制后，可以在一定程度上提高适口性和营养价值。基本的方法有如下三种：切断和粉碎等物理和机械处理；加入碱、氨水和尿素等进行化学处理；微生物发酵处理。

### （二）青绿饲料

青绿饲料指天然水分含量高于 45% 的青绿植物，包括天然和栽培牧草、各种鲜树叶、水生植物和菜叶以及瓜果多汁饲料等。

青绿饲料的营养特性是水分含量高，干物质少，能量较低，但是蛋白质含量较高，特别是豆科饲料的氨基酸组成优于谷实类饲料，含有各种必需氨基酸，蛋白质生物学价值高。另外，幼嫩的青绿饲料，中粗纤维含量低，钙磷比例适宜，维生素含量丰富，特别是胡萝卜素含量较高，是供应家畜维生素营养的良好来源。青绿饲料适口性好，易于消化，用于泌乳期的动物日粮有利于提高产奶量。

青绿饲料应新鲜饲喂，注意防止亚硝酸中毒。叶菜中含硝酸盐，在堆贮或蒸煮过程中会产生亚硝酸盐，饲喂畜禽会导致中毒，如猪会产生"饱潲症"。

### （三）青贮饲料

青贮饲料是通过微生物发酵和化学作用，在密闭条件下保存青绿饲料的方法。青贮饲料的优点是能较好地保存青绿饲料的营养物质，解决青饲料常年供应的难题。品质良好的青贮饲料适口性好、易消化，通过青贮保存可以消灭害虫及杂草。

一般用于青贮的原料，应具备水分含量适宜（为 60%～75%）、糖类含量高的特性。因为乳酸菌的主要养分为糖类，因此，含糖类较多的如青玉米秆、甘薯蔓、禾本科草、块根、块茎等青绿多汁饲料是制作青贮的好原料，而豆科植物则不宜采用此法贮存。

青贮的制作方法是：将原料切成 3～5 cm 的长度，然后将切碎的原料填入窖中，边入料边压实，创造无氧条件。装填的原料应高出窖面 1 m 左右，表面覆盖一层塑料布并立即加盖 60 cm 厚的泥土严密封埋。经 40～50 d 后，即可开窖取用。

### （四）能量饲料

能量饲料是指饲料干物质中粗纤维的含量低于18%，且粗蛋白质含量低于20%的饲料，主要包括谷实类、糠麸类，富含淀粉和糖的块根、块茎类。液态的糖蜜、乳清和油脂也属此类。

1. 谷实类饲料

谷实类饲料是禾本科植物籽实的总称。谷实类饲料的营养特点是无氮浸出物含量高达70%以上，粗纤维含量低，一般为5%～10%。因此，谷实类饲料有效能值高，是畜牧生产中最主要的能量饲料。但是，谷实类饲料的粗蛋白含量低，且品质较差，表现为赖氨酸、色氨酸、苏氨酸等必需氨基酸含量很低，所含矿物质中钙少磷多，且磷以植酸盐形式存在，猪、鸡对其利用率较低。

（1）玉米

玉米是有效能值最高的果实类饲料，是配合饲料中的主要原料。

（2）大麦

大麦的蛋白质含量、必需氨基酸均高于玉米。整粒大麦干物质中的纤维素含量较高，平均为6%。但大麦中含有较多的可溶性非淀粉多糖，主要是 β-葡聚糖，它能使消化道中食糜黏度增加，影响脂肪、糖类的消化吸收。以大麦为能量饲料的饲粮中，添加 β-葡聚糖酶有良好的作用。

（3）小麦

小麦蛋白质含量仅次于大麦，有效能值仅次于玉米，但小麦中含有较高含量的阿拉伯木聚糖，这也是一种具有明显抗营养作用的可溶性非淀粉多糖。小麦型日粮中添加木聚糖酶时，可以降低阿拉伯木聚糖的抗营养作用，提高有效能。

（4）稻谷

不脱壳的稻谷在能量饲料中属低档谷物。稻谷的有效能值与其中粗纤维含量呈强负相关，脱壳的糙米和筛分后的碎米是优良的能量饲料。

2. 糠麸类

（1）小麦麸和次粉。小麦麸和次粉都是小麦加工的副产品，二者的粗蛋白含量较高，蛋白质品质较高于玉米或小麦。小麦麸的粗纤维含量高于次粉，因而其消化能值明显低于次粉。

小麦麸质地疏松，体积大，含有适量的粗纤维和硫酸盐类，有轻泻作用。在妊娠母猪分娩前后使用 10%~25% 的小麦麸，可预防便秘。

次粉因含有较多的淀粉，是饲料制粒时很好的黏结剂，但在粉料中用量大时有粘嘴现象。

（2）米糠

米糠的消化功能在糠麸类饲料中最高，粗蛋白和赖氨酸含量高于玉米和小麦麸。米糠脂肪含量平均高达 14%，且大多数为不饱和脂肪酸，所以很容易酸败发热和霉变，因此米糠一定要新鲜饲喂。而米糠用于肥育猪后期日粮时，常使背膘变软，不利于猪肉的加工和贮藏，应控制用量。

# 第三章 养殖设施及设备

本章主要介绍畜牧养殖设施及设备，主要从四个方面进行了阐述，分别是设施养殖的概念和类型、圈舍建设、大中型养殖场（公司）的规划设计及养殖设备。

## 第一节 设施养殖

### 一、设施养殖的概念

设施养殖是指为了提高禽畜养殖的经济效益，建设符合禽畜生存习性的养殖场地并配置相应的设施设备，应用科学合理的环境调控技术，为畜禽养殖创造比较适宜的生活环境。随着人民生活质量的不断提升，对于畜禽的需求量逐年攀升，以规模化、工厂化和集约化为标志的现代畜牧业应运而生。现代畜牧业的发展有赖于多种技术的支撑，如设施养殖、畜禽遗传育种技术、饲料营养技术、兽医防疫技术等。伴随着社会经济的不断发展，设施养殖技术也有了突飞猛进的提升。设置养殖由多种技术组成，分别是养殖场规划与畜舍建筑标准化技术、畜禽规模化养殖废弃物处理与利用技术、畜禽养殖清洁生产与节能减排技术等。

按照饲养畜禽的不同，设施养殖可以分为两大类，一是水产养殖，二是畜牧养殖。

水产养殖对象对为水生动物，根据饲养方式的不同，可分为围网养殖技术和网箱养殖技术。

畜牧养殖对象为陆生生物，根据饲养方式的不同，可分为开放（敞）式养殖和有窗式养殖。这两种养殖方式各有优缺点，开放（敞）式养殖不需要价格高昂的养殖设备，具有养殖成本低，节约能源的优势，缺点是需要适宜的养殖环境，如果养殖环境无法满足畜禽的生存条件，就会极大地影响畜禽的存活率。相比于开放（敞）式养殖，有窗式养殖对于周围的养殖环境没有太多的限制，可以人为地创造出符合禽畜生长的环境条件，促进禽类和畜类的健康生长。但该养殖方式的缺点也是相当明显的，主要表现为造价高，投资比较大，大型养殖场或养殖试验示范基地比较适宜该养殖方式。北方的冬天比较寒冷，禽类、畜类的存活率较低，为了有效解决这个问题，应以暖棚圈养为主；春夏气温适宜，采用开放（敞）式养殖的方式。

## 二、设施养殖的国内外发展状况

改革开放以来，我国的设施养殖业蓬勃发展，养殖规模不断扩大，特别是20世纪90年代后期，各地紧抓经济体制改革的机遇，以市场为导向，引进先进养殖技术，实施工厂化养殖，建立起一大批大中型畜禽养殖场。随着我国经济体制改革的不断深化，畜牧生产技术在推动畜牧业产业化改造方面发挥了重要作用。我国畜牧业发展的目标是建立现代化的养殖体系，畜牧生产技术的现代化离不开畜牧生产技术的不断优化，只有包括设施养殖工程技术、疾病防治技术、环境管理技术、饲料营养技术等在内的多项技术共同进步，畜牧业现代化才有实现的可能。实践表明，科技进步对于产业经济的发展有着积极意义，畜牧业的发展也不例外。将网络和通信技术应用到畜牧业生产中，不仅有助于推动养殖生物技术朝着规模化、集约化的方向发展，还使得畜牧业发生质的改变。畜牧工程技术与畜牧科学技术之间密切相关，相互促进，伴随着畜牧工程技术的不断优化，畜牧科学技术得到了显著发展，促进了动物养殖业的科技进步，为动物养殖技术产业化创造了有利条件。

### （一）畜牧工艺学的主导地位正在加强

生产工艺的优化是任何产业系统发展的基础，是产业系统持续进步的内生动力。动物养殖生产系统的健康发展同样离不开养殖生产工艺的优化。动物养殖生产机制的正常运行有赖于养殖生产工艺的确定。不管是畜类还是禽类都需要在适宜的环境条件下才能生存并成长。为了确保畜禽类的存活率就需要从它们的生活习性出发来构建科学的养殖体系，而动物养殖工程就在其中起着承上启下的综合配套作用。它要求养殖工程在设计阶段要遵循动物的生长规律，规划房屋建筑，合理布置功能分区，在建设阶段配备相应的设施，选择恰当的设备，即工程技术要符合动物养殖的生产技术。相比欧美等发达国家，我国的养殖产业化技术起步较晚，发展不平衡。养鸡工程较为成熟配套，并已形成中国特有的工程工艺及其配套技术设施。养猪的圈栏饲养和定位饲养，也初步形成了中国特色的工艺模式。

### （二）畜禽舍建筑方面

我国传统的畜牧养殖业在禽畜舍建设方面存在着技术体系不健全的缺陷，在建造畜禽舍建筑时往往参考工业与民用建设规范，以砖混结构为主。随着养殖规模的不断扩大，养殖技术的不断发展，畜禽舍建筑标准日益健全，简易节能开放型畜禽舍逐渐普及。有关资料显示，相比传统封闭型畜禽舍，开放型畜禽舍具有如下优势：首先，有助于节约资金，开放型畜禽舍所需要的资金成本仅有封闭型舍的1/2；其次，有助于节约能源，开放型舍用电仅为封闭型舍的1/10～1/15。除此之外，各地根据不同的条件，还研究开发出了大棚式畜禽舍、拱板结构畜禽舍、彩钢板组装式畜禽舍等多种建筑形式。

### （三）畜禽舍加温技术的应用

近年来，北方塑料大棚式畜禽舍进行了大面积推广。很多大中型养殖场为了提高畜禽在秋冬季的存活率，在建设畜禽舍时纷纷引用加温技术，如正压管道送风技术，该技术借助暖风机和热风炉，将引进舍内的新空气加热后送到畜禽舍内。北方的冬季气温偏低，畜禽类的身体免疫力低下，很容易生病，正压管道送风技术将供热和通风结合起来，有效地破解了这一难题，改善了畜禽舍内的环境。除此之外，该技术还有着如下优势：首先，换热器和热风炉应用机动，大大降低了养殖户的投资成本；其次，热效率高，耗煤少，养殖户的劳动强度也随着降低。

### （四）畜禽场粪污处理与利用技术方面的应用

畜禽场在养殖畜禽的过程中不可避免地会产生粪污，粪污的处理问题直接关系着养殖场能否持续发展。当前，国内一些集约化养殖场积极同科研部门展开合作，从各地的实际条件出发，研发出多种畜禽粪污加工处理方法，取得了显著的效果。如沼气厌氧发酵法、塑料大棚好氧发酵法、快速发酵法及高温快速烘干法等。

# 第二节 圈舍建设

## 一、羊舍建设

### （一）羊舍建设面积

种公绵羊 1.5～2.0 m²/ 只，山羊 2.0～3.0 m²/ 只，怀孕或哺乳母羊 2.0～2.5 m²/ 只，育肥羊或淘汰羊可考虑在 0.8～1.0 m²/ 只。[①]

### （二）运动场

羊舍紧靠出入口应设有运动场。运动场的设置要满足以下条件：一是地势较高，二是有着良好的排水系统。运动场的面积取决于羊只的数量，但一定要大于羊舍，以保证羊群能够进行充足的活动。运动场建设面积：种公羊绵羊一般平均为 5～10 m²/ 只，山羊 10～15 m²/ 只，种母羊绵羊平均 3 m²/ 只，山羊 5 m²/ 只，产绒羊 2.5 m²/ 只，育肥羊或淘汰羊 2 m²/ 只。为了防止羊群逃跑，运动场周围要用墙或围栏围起来。为了使羊群夏季也能够得到活动，运动场周围要栽上树，这样能够遮阴和避雨。运动场墙高：绵羊 1.3 m，山羊 1.6 m。

### （三）饲 槽

大部分养殖场的饲槽用水泥砌成，上部略宽，下部稍窄，上宽约 300 cm，深约 25 cm。水泥槽具有方便畜禽饮水的优点，但是又具有冬季容易结冰且不便清洗、消毒的缺点。为了克服水泥槽的缺点，养殖场在长期的饲养实践中开发出了木槽，即以模板做成的饲槽。相比于水泥槽，木槽有着如下优势：首先，方便清洗和消毒；其次，便于改装，可以根据羊只的数量制成相应长度的饲槽。

## 二、牛舍建设

### （一）地基与墙体

牛舍对于地基和墙体都有着严格的规定。地基的深度以 80～100 cm 为宜，

---

① 艾宝明 . 畜牧业养殖实用技术手册 [M]. 呼和浩特：内蒙古人民出版社，2015.

不得少于 80 cm，砖墙的厚度为 24 cm。如果牛舍采用双坡式，脊高以 4.0～5.0 m 为宜，不得低于 4.0 m，前后檐高 3.0～3.5 m。为了提高墙的稳固性和保温性，防止水汽渗入墙体，牛舍内墙的下部需设墙围。

### （二）门　窗

牛舍门的高度以 2.1～2.2 m 为宜，不得低于 2.1 m，宽度以 2～2.5 m 为宜，不得少于 2 m。为了方便，大部分养殖场采用双开门，也有部分养殖场使用上下卷帘门。封闭式牛舍的窗户在设置时要比开放（敞）式略大些，高 1.5 m，宽 1.5 m，窗台高距地面 1.2 m 为宜。

### （三）运动场

为促进奶牛运动，促进奶牛健康与高产，应配置足够面积的运动场：成年乳牛 25～30 m²/头；青年牛 20～25 m²/头；育成牛 15～20 m²/头；犊牛 10 m²/头。运动场按 50～100 头的规模用围栏分成小的区域。

### （四）屋顶

最常用的是双坡式屋顶。这种形式的屋顶适用于较大跨度的牛舍，可用于各种规模的各类牛群。这种屋顶经济性高，保温性又好，而且容易施工修建。

### （五）牛床和饲槽

为了便于饲养，牛场普遍采用群饲通槽喂养方式。在牛舍内设置的牛床，长度以 1.6～1.8 m 为宜，不得低于 1.6 m，宽度以 1.0～1.2 m 为宜，不得低于 1.0 m，坡度为 1.5%。饲槽设置在牛床前面，为了方便饮水，通常选用固定式水泥槽，上宽下窄，上部的宽度以 0.6～0.8 m 为宜，不得超过 0.8 m，底部的宽度以 0.35～0.40 m 为宜，不得低于 0.35 m，呈弧形。靠近牛床的一侧称为槽内缘，高度以 0.35 m 为宜；靠近走道的一侧称为槽外缘，高度以 0.6～0.8 m 为宜，不得高于 0.8 m。有关研究表明，将槽外缘和通道建在一个水平面上即为道槽合一式，这种方式具有操作简便，节约劳力的优点。

### （六）通道和粪尿沟

对头式饲养的双列牛舍，中间通道宽 1.4～1.8 m。通道宽度应以送料车能通过为原则。若是道槽合一式，则道宽 3 m 为宜（含料槽宽）。粪尿沟宽应以常规铁锨正常推行宽度为宜，宽 0.25～0.3 m，深 0.15～0.3 m，倾斜度 1 : 50～1 : 100。

## 三、猪舍建设

一列完整的猪舍由多个部分组成，分别是墙壁、屋顶、地面、门、粪尿沟和猪栏等。

### （一）墙　壁

猪舍的墙壁要满足以下条件：首先，墙体坚固，能够长时间使用；其次，有着良好的保温性。砖砌墙很好地满足了以上条件，是猪舍的理想墙体，为了提高墙体的保温性，要求用水泥勾缝，距离地面 0.8～1.0 m 处用水泥抹面。

### （二）屋　顶

在建设实践中，屋顶的形式呈现多样化的趋势，其中，以水泥预制板为建筑材料的平板式结构是应用范围最为广泛的样式。为了达到保温、防暑的目的，还需要在屋顶上加盖 15～20 cm 厚的土。

### （三）地　板

猪舍的地板不仅要求坚固、耐用，还要有良好的渗水性。有关资料表明，以平砖为主、以水泥勾缝为辅的方式能够有效满足上述条件。三合土地板也是应用范围较广的方式，应用三合土地板需要选用湿度适中的三合土，并且在建造的过程中要混合均匀，切实夯实。

### （四）粪尿沟

粪污的处理是猪舍在规划建造时必然要面对的问题，不同样式的猪舍对于粪尿沟有着不同的要求。开放式猪舍的粪尿沟要设在前墙外面，以保证猪舍的卫生。全封闭和半封闭猪舍在距南墙 40 cm 处设置专门的粪尿沟，并加盖漏缝地板。北方的冬季气温偏低，有的养殖场为了防寒，会在开放式猪舍中扣上塑料棚，同时要在距南墙 40 cm 处建造粪尿沟。粪尿沟的宽度取决于舍内的面积，猪舍面积越大，粪尿沟的宽度也就越大，但不得低于 30 cm。为了保障养殖场人员的安全，漏缝地板的缝隙宽度不得大于 1.5 cm。

### （五）门　窗

为加强猪运动，促进猪的健康与高产，开放式猪舍应配置足够面积的运动场，运动场的门窗要满足以下条件：运动场前墙应设有门，门的高度以 0.8～1.0 m 为宜，不得低于 0.8 m，宽度以 0.6 m 为宜，要求坚固、耐用，特别是种猪舍的门更要非常结实。半封闭猪舍则在运动场地上隔墙开门，高 0.8 m，宽 0.6 m。全封闭猪舍仅在饲喂通道侧面设门，高度以 0.8～1.0 m 为宜，不得低于 0.8 m，宽度以 0.6 m 为宜。通道的门高度不得低于 1.8 m，宽度不得低于 1.0 m。为了保证通风透气，提高猪的存活率，无论哪种猪舍都应设有后窗。开放式猪舍的后窗长度与高度以 40 cm 为宜，上框距墙顶不得低于 40 cm；半封闭式猪舍的后窗的建造要求与开放式相同。除了后窗之外，半封闭式猪舍还应有中隔墙窗户，下框距离地面以 1.1 m 为宜。全封闭猪舍不仅要有后窗，还要有前窗。后墙窗户没有严格的限定，视猪舍的面积而定，如果条件允许，可装双层玻璃；前窗尽量要大，下框据地不得低于 1.1 m。

### （六）猪　栏

半封闭和全封闭式除配有通栏外，还应有隔离栏。目前市场上常用的隔栏材料有两种，一是砖墙水泥抹面，二是钢栅栏。为了保证猪的健康与安全，纵隔栏应为固定栅栏，横隔栏可为活动栅栏，以便进行舍内面积的调节。

# 第三节　大中型养殖场（公司）的规划设计

## 一、大中型养殖场的设计规范和标准

### （一）养殖场的性质和规模

基于不同的养殖目的，养殖场有着不同的称谓，如种畜场、繁殖场、商品场等，除了名称不同之外，这些养殖场还有着如下区别：第一，养殖场内饲养动物的公母比例存在显著差异；第二，养殖场内的畜群组成和周转方式各有不同；第三，不同养殖场对于饲养管理和环境条件的要求是大不相同的；第四，不同养殖场所采用的畜牧技术是不同的；第五，当饲养动物出现疾病时，不同养殖场所选用的兽医技术措施是不同的。因此，为了提高养殖场的经济效益，在工艺设计时必须从养殖场的性质出发，阐明其特点和要求。

养殖场的性质取决于社会和生产的需要。原种场和祖代场的发展与畜牧产业的兴旺发达息息相关，必须纳入国家或地方的良种繁育计划，并在法律规定的范围内制定科学合理的标准。养殖场的性质除了受社会和生产需要的影响之外，还受到当地技术力量、资金、饲料等多方面因素的制约，只有对这些因素进行科学调查之后，才可决定。

通常所说的养殖场规模指的是养殖场饲养家畜的数量，有以下三种表示方式：一是存栏繁殖母畜头（只）；二是年上市商品禽畜头（只）；三是常年存栏畜禽总头（只）。养殖场的设计要以养殖场规模为依据。养殖场规模的确定并不是一件容易的事，需要考虑以下方面的因素：一是社会和市场需求；二是是否有足够的资金；三是饲料和能源的供应是否充足；四是当地的技术和管理水平是否满足；五是是否有恰当的措施处理养殖造成的环境污染；六是养殖场是否能够寻找到足够的劳动人员和房舍。

**（二）畜群组成及周转**

畜禽在不同的生产阶段有着不同的特点和作用，对于饲养管理同样有着不同的要求。为了促进畜禽的健康和高产，提高养殖场的经济效益，要从畜禽的生长特点出发，将畜禽分成不同的类群，分别使用不同的畜舍设备，采用不同的饲养管理措施。在工艺设计中，应明确说明各类畜群的饲养时间。工艺设计时应特别强调各类畜群的出栏时间。根据养殖场的规模，分别计算出各类群畜禽的存栏数和各种畜禽舍的数量。根据技术规范，明确消毒空舍时间，并绘出畜群周转框图，即生产工艺流程图。

## 二、大中型养殖场建设和施工

### （一）养殖场场区规划和建筑物布局

养殖场的建设是一项复杂的工程，应按照以下流程：第一，综合考虑各方面的因素，选定适当的养殖场场址；第二，选好场址后，根据养殖场的规模和饲养的畜禽合理地规划建筑物布局，即进行养殖场的总平面设计。养殖场实现高效率畜牧生产的先决条件就是科学合理的场区规划。

1. 养殖场的分区规划

大部分养殖场在分区规划时都以功能为导向，将养殖场分为三个区，分别是管理区、生产区和病畜隔离区。值得注意的是，在进行场地规划时不仅要考虑到当前的养殖计划，还应考虑到未来的发展，在规划时要留有一定的余地，特别是生产区的规划更要考虑到畜禽的生产和繁殖。各区位置的划分要遵从以下原则，一是保证人畜安全，二是便于开展工作。应对场地地势和当地的气候条件进行认真调研，明晰当地全年主风向，尽量选取下风向，减少或防止养殖场的不良气味因风向对居民生活环境造成污染；明确河流的走向，尽量选取河流的下游，避免粪尿污水因地面径流对居民生活环境造成污染，减少疫病蔓延的机会。

2. 建筑物布局

（1）建筑物的排列

为了整齐美观，养殖场建筑物在设计时尽量遵循东西成排、南北成列的准则。在布置生产区内的畜舍时，要从场地的形状出发，根据畜舍的数量和长度，可将其布置为单列、双列或多列。养殖实践证明，不管是横向过于狭长还是纵向过于狭长，都会对养殖场带来不利影响，这是因为，狭长形布局会无形中加大饲料和粪污的运输距离，使管理和生产联系不便，同时为了确保水、电等的供应，狭长形布局也必然会应用更多的管道和线路，这就增加了建场投资的成本。方形或近似方形的布局可有效避免这些缺点。因此，如果场地条件允许，生产区在布局时尽量选择方形或近似方形的结构，为日后的生产和管理提供便利。

（2）建筑物位置

建筑物位置的确定要考虑两方面的因素。第一，是否符合卫生防疫要求，是否对周围居民的生产生活带来负面影响；第二，每栋建筑之间的功能是否得以有效发挥，建筑物之间的联系是否紧密。位置的设置要考虑设施的功能，按照就近原则，将联系密切的建筑物和设施安排在一起。

（3）建筑物朝向

畜舍内的采光和通风状况同建筑物的朝向有着密切关系。畜舍建筑物中普遍采取的都是南向，这样的朝向有着如下优势：首先，我国冬季气候寒冷，昼夜温差较大，冬季可增加射入舍内的直射阳光，有利于提高舍温；其次，夏季气温较高，强烈的阳光辐射会对家畜的健康和繁殖带来不利影响，南向的朝向可有效减少舍内的直射阳光，从而提高家畜的健康；再次，我国冬季的主导风向为西北风，南向的朝向有利于减少冬季冷风的渗入；最后，我国夏季的主导风向为东南风，有利于增加夏季舍内的通风量。

**（二）养殖场防疫和绿化设计**

1. 养殖场的防疫措施

（1）场区四周应建有较高的围墙或坚固的防疫沟。防疫工作同养殖场的畜禽生产效率密切相关，外界污染是引发养殖场疫病的重要因素。因此，为防止场外人员或其他动物进入场区，养殖场要建立健全防疫机制，场区四周应建立围墙或防疫沟，围墙的高度应在 2 m 以上，以防止外来人员翻墙入内；防疫沟应坚固、耐用。为了最大限度地减少外部污染对于养殖场的不利影响，必要时可向沟内放水。要注意完善场区的防护措施，确保养殖场大门是进入场区的唯一出入口，外来人员和车辆只能从养殖场大门进入场区。

（2）生产区和管理区之间应用较小围墙隔离。生产区是养殖场防疫工作的重点场所，为了阻隔外界污染，生产区和管理区之间也应做好防疫措施，如采用较小的围墙将生产区和管理区隔离开来，这样外来车辆和人员就无法随意进入生产区，从而有效切断外界污染因素。为了确保养殖场畜禽的安全，通常会将生病的畜禽安置在病畜隔离区，因此，生产区与病畜隔离区之间也应设立隔离屏障，如建立较小的围墙、防疫沟，如果条件允许，可使用隔离林带。

（3）完善的消毒工作是减少并阻隔疫病的有效方式。养殖场应高度重视消毒工作，其中，养殖场大门、生产区入口和各禽舍入口是重点消毒区域，应设立相应的消毒设施，如在养殖场大门设立车辆消毒池对进入场区的车辆进行严格消毒；在生产区入口设立脚踏消毒池、喷雾消毒室，对进入场区的人员进行消毒。

2. 养殖场的绿化设计

（1）场区林带的设置

随着人们环保意识的逐步加强，对于养殖场也提出了绿化设计的要求。养殖场要深刻意识到绿化设计不仅能够有效改善周围的生态环境，而且对于养殖场的可持续发展也有着积极意义。在场界若有四周乔木和灌木混合林带，为了有效阻隔风沙对于养殖场的不利影响，要在场界的西侧和北侧加宽这种混合林带。

（2）场区隔离带的设置

电是生活中不可或缺的能源，现代养殖场布满了电线线路，由于电线故障引发的养殖场火灾事件屡见不鲜，火灾为养殖场带来了重大损失，甚至会威胁养殖人员的生命安全。实践证明，隔离林带不仅能够美化环境，还能够减少火灾的损失。因此，要在各个功能区四周种植隔离林带。

（3）场内道路两旁的绿化

养殖内的园林绿化能够为工作人员提供舒适美好的生活环境，要做好道路两旁的绿化工作，一般种植 1～2 行，以树冠整齐的乔木或亚乔木为主。

（4）运动场的遮阴林

家畜的健康生长有赖于充足的活动。为促进家畜的高产，应根据养殖场的规模设立相应的运动场，并在运动场的南侧和西侧种植遮阴林，以 1～2 行为宜，一般选择生长势强、树干高大、枝叶开阔的树种。

## 三、大中型养殖场经营管理

### （一）建立完善的防疫机构和制度

按照卫生防疫要求，从养殖场实际情况出发，制定完善的养殖场卫生防疫制度。卫生防疫制度应具有规范化、系统化的特质，将家畜日常管理、环境清洁消毒、废弃物处理等各项工作纳入卫生防疫体系中。做好环境卫生监督管理工作，建立专职环境卫生监督管理小组，由养殖场领导担任组长，选拔熟知卫生防疫要求、专业能力强的人员为骨干成员，对养殖场内的环境卫生工作进行监督管理，确保各工作环节都严格执行卫生管理制度。

### （二）做好各项卫生管理工作

第一，确保畜禽生产环境卫生状况良好。

第二，防止人员和车辆流动传播疾病。

第三，严防饲料霉变或掺入有毒有害物质。

第四，做好畜禽防寒防暑工作。

### （三）加强卫生防疫工作

首先，做好免疫工作。预防家畜传染病的方式是多种多样的，其中，免疫是最为有效的途径。各养殖场要深刻意识到免疫工作的重要性，将免疫工作作为重要任务纳入工作规划，认真研究本地区畜禽疾病的发生情况，了解疫苗的供应条件。不良的气候条件及其他有关因素都会对畜群的健康带来不利影响，养殖场要定期开展畜群抗体检测，并根据检测结果制定符合本场实际的畜群免疫接种程序，按照计划对场区内的畜群及时接种疫苗进行免疫，从而减少传染病的发生。

其次，严格消毒。严格落实卫生管理制度，执行各种消毒措施。为了有效阻隔外部污染因素，切断疾病传播途径，养殖场应尽量采用"全进全出"的生产工艺。

再次，隔离。隔离是预防家畜传染病大规模扩散的有效方式。当养殖场内出现病畜时要及时上报，并请技术人员前来诊治，对于确诊为患有传染性疾病的病畜要及时隔离，对于那些症状不明显，不能排除是否患有传染性疾病的病畜也要进行隔离。遵照兽医卫生要求，妥善处理病畜。由场外引入的畜禽，应首先隔离饲养，隔离期一般为2～3周，经检疫确定健康无病后方可进入畜舍。

最后，检疫。养殖场引进禽畜之前，要对禽畜进行严格的检疫，只有禽畜各项检测标准都达标，确定其健康且不携带病原后，才能进入养殖场。对于要出售的动物及动物性产品，也须进行严格检疫，杜绝疫病扩散。

## 第四节　养殖设备

设施养殖的机械化水平是制约设施养殖向大型化、集约化、自动化、高效化发展的重要因素。近年来，随着羊、牛、猪养殖机械与设备的广泛应用，减轻了养殖劳动强度，提高了劳动生产效率，实现传统养殖业向现代化养殖业的转变发挥了巨大的作用。

### 一、养羊机械与设备

#### （一）运动场及其围栏

运动场应选择在背风向阳的地方，一般是利用羊舍的间距进行设置，也可以在羊舍两侧分别设置，但以羊舍南面设运动场为好，另外四周应设置围栏式围墙，高度在 1.4～1.6 m。运动场要平坦，稍有坡度，便于排水。

### （二）饲槽与草架

饲槽的种类很多，以水泥制成的饲槽最多。水泥饲槽一般做成通槽，上宽下窄，槽的后沿适当高于前沿。槽底为圆形，以便于清扫和洗刷。补草架可用木材、钢筋等制成，为防止羊的前蹄攀登草架，制作草架的竖杆应高 1.5 m 以上，竖杆与竖杆间的距离一般为 12～18 cm。常见的补草架有简易补草架和木质活动补草架。

### （三）水槽和饮水器

为使羊只随时喝到清洁的水，羊舍或运动场内要设有水槽。水槽可用砖和水泥制成，也可以采用金属和塑料容器充当。

## 二、养牛机械与设备

牛的舍养是将牛常年放在工厂化牛舍内饲养，多适用于奶牛，它的机械化要求较高，所使用的设备包括供料、饮水、喂饲、清粪及挤奶装置等。

### （一）牛床及栓系设备

1. 牛 床

目前，广泛使用的牛床是金属结构的隔栏牛床。牛床的大小与牛的品种、体型有关，为了使牛能够舒适地卧息，要有合适的空间，但又不能过大，过大时，牛活动时容易使粪便落到牛床上。

2. 栓系设备

栓系设备用来限制牛在床内的一定活动范围，使其前蹄不能踏入饲槽，后蹄不能踩入粪沟，不能横卧在牛床上，但也不能妨碍牛的正常站立、躺卧、饮水和采食饲料。

3. 保定架

保定架是牛场不可缺少的设备，用于打针、灌药、编耳号及治疗，通常用圆钢材料制成，架的主体高 60 cm，前颈架支柱高 200 cm，主柱部分埋入地下约

40 cm，架长 150 cm，宽 60～70cm。

### （二）喂饲设备

牛的喂饲设备按饲养方式不同，可分为固定式喂饲设备和移动式喂饲车。

1. 固定式喂饲设备

固定式喂饲设备一般用于舍养，它包括贮料塔、输料设备、饲喂机和饲槽，这种设备的优点在于不需要很宽的饲料通道，可减少牛舍的建筑费用。

2. 移动式喂饲车

国外广泛采用移动式喂饲车。它的饲料箱内装有两个大直径搅龙和一根带搅拌叶板的轴，共同组成箱内搅拌结构，由拖拉机动力输出轴驱动。

### （三）饮水设备

养牛场牛舍内的饮水设备包括输送管路和自动饮水器。饮水系统的装配应满足昼夜时间内全部需水量。

### （四）奶牛挤奶设备

挤奶是奶牛场中最繁重的劳动环节，采用机械挤奶可提高 2 倍以上劳动效率，使劳动强度大大减轻，同时可得到清洁卫生的牛奶，但使用机器挤奶必须符合奶牛的生理要求，不能影响产奶量。

### （五）牛舍清粪设备

1. 清粪车

清粪车有人力手推清粪车和机动清粪车两种。

2. 水冲清粪设备

大型养牛场一般采用水冲流送清粪。集约化养猪是一个复杂的、系统的生产过程。养猪生产包括配种、妊娠、分娩、育幼、生长和育肥等环节。养猪机械设备就是在养猪的整个生产过程中，根据猪的不同种类、不同饲养方式及不同的生产环节而提供的相应机械设备，主要包括：猪舍猪栏、饲喂设备、饮水设备、饲料加工设备、猪粪清除和处理设备、消毒防疫设备、猪舍的环境控制设备等。经济效益高的猪场，必然拥有较高的生产水平，先进的机械与设备在猪场的应用愈加广泛。畜牧业作为国民经济的基础产业，日益朝着规模化、现代化方向发展，为了推动猪的健康和高产，要求猪场根据自身的饲养规模，选择相应的机械设备和先进的生产工艺。

## 三、养猪机械与设备

### （一）猪　栏

1. 公猪栏、空怀母猪栏、配种栏

公猪、空怀母猪和配种猪，尽管处于不同的生长发育阶段，但是它们对于饲养的要求是大致相同的。为了方便管理，可将这几种猪放于同一栋舍内，猪栏的面积一般都相等，栏高以 1.2～1.4 m 为宜，不得低于 1.2 m，面积为 7～9 m²。

2. 妊娠栏

妊娠猪和空怀母猪有着不同的生长发育特点，所需要的饲养管理条件也是大不相同的，需要不同的猪栏。目前市面上常见的妊娠猪栏有两种：一种是单体栏，另一种是群体栏。单体栏适用于单只妊娠猪，由金属材料焊接而成，栏的长度一般为 2 m，宽度为 0.65 m，高度为 1 m。小群栏适用于多只妊娠猪，有以下三种结构：一是混凝土实体结构，二是栏栅式结构，三是综合式结构，养殖场可以根据自身的实际情况，选择适合的结构。小群栏的栏高一般为 1～1.2 m，不得低于 1 m。为了保障妊娠猪的高产，通常采用限制饲喂，因此，不设饲槽而采用地面饲喂。猪栏的面积取决于每栏饲养的头数，一般以 7～15 m² 为宜。

3. 分娩栏

分娩栏的尺寸并不像其他猪栏那样固定统一，这是由于母猪品种不同，所以所需要的分娩栏也是大不相同的，长度一般为 2～2.2 m，不得低于 2 m，宽度为 1.7～2.0 m；母猪限位栏的宽度以 0.6～0.65 m 为宜，不得低于 0.6 m，高度为 1.0 m。为了保障仔猪的存活率，还需要在分娩栏设置仔猪活动围栏，宽度以 0.6～0.7 m 为宜，高 0.5 m 左右，栏栅间距 5 cm。

4. 仔猪培育栏

养殖场应用最为广泛的仔猪培育栏有两种：一种是金属编织网漏粪地板，一种是金属编织镀塑漏粪地板。养殖实践证明，后者的饲养效果一般要好于前者。随着养殖技术的不断提高，大中型养殖场通常使用高床网上培育栏，这种猪栏由三部分组成，一是金属编织网漏粪地板，二是围栏，三是自动食槽。漏粪地板有两种安装方式，一种是通过支架设在粪沟上，另一种是直接设置在实体水泥地面上。相邻两栏共同使用一个自动食槽，每栏设一个自动饮水器。仔猪由于出生不久，免疫力低，容易生病，这种保育栏能保持床面干燥清洁，现阶段我国大部分养殖场都采用这种保育栏。仔猪保育栏的栏高以 0.6 m 为宜，栏栅间距 5～8 cm，不得低于 5 cm，面积视饲养头数而定。小型猪场为了节约成本，对于断奶仔猪有时也采用地面饲养的方式，但是秋冬季节，天气寒冷，为了减少仔猪的发病率，应在仔猪卧息处铺干净软草以保证舍温，或者在卧息处设火炕。

5. 育成、育肥栏

育成育肥栏有多种形式，目前应用最为广泛的是混凝土结实地面，其次是水泥漏缝地板条。有的养殖场本着节约成本的目的，1/3 的地板采用漏缝地板条，剩余的 2/3 使用混凝土结实地面。混凝土结实地面并不是平整的，而是有着一定的坡度，约为 3%。育成育肥出栏的栏高以 1～1.2 m 为宜，不得低于 1 m，采用栅栏式结构时，栅栏间距一般为 8～10 cm。

### （二）饲喂设备

1. 间际添料饲槽

条件较差的养猪场因为资金有限，一般采用间际添料饲槽。根据是否可以移动，间际添料饲槽又可分为两种，一是固定饲槽，二是移动饲槽。顾名思义，固定饲槽就是固定在特定区域的饲槽，以水泥浇筑而成。饲槽一般为长方形，饲槽的长度并没有统一的标准，不同品种、不同年龄的猪所需要的饲槽长度是不相同的。大部分养猪场都采用固定饲槽，只有少部分养殖场受多种条件的制约，采用移动饲槽。随着科学技术的进步，金属材料的饲槽在工厂化猪场中得到广泛应用，为了提高妊娠母猪出种率，集约化养猪场通常选用金属制作的固定饲槽，并将其固定在限位栏上。有关研究表明，该种饲喂设备对于提高泌乳母猪的采食量也有积极意义。

2. 方形自动落料饲槽

方形自动落料饲槽对于饲喂环境有着较高的要求，小型和中型养猪场一般不使用这种饲槽，集约化、工厂化的猪场由于资金充足、管理制度严格才使用这种饲槽。根据饲槽展开方式的不同，方形落料饲槽分为单开式和双开式两种。单开式饲槽在安装时需要将一面固定在走廊内的隔栏或隔墙上；双开式饲槽则安放在两栏的隔栏或隔墙上。自动落料饲槽的材料通常为镀锌铁皮，为了提高饲槽的稳定性和坚固性，常以钢筋加固。

3. 圆形自动落料饲槽

圆形自动落料饲槽的材质为不锈钢，较为坚固，可以长时间使用。底盘的材质可以是铁，也可以采用水泥浇注。这种饲槽适用于高密度、大群体生长育肥猪舍。

### （三）饮水设备

猪喜欢喝清洁的水，特别是流动的水，因此采用自动饮水器是比较理想的。猪用自动饮水器的种类很多，有鸭嘴式、杯式、乳头式等。

1. 鸭嘴式饮水器

鸭嘴式饮水器是目前国内外机械化和工厂化猪场中使用最多的一种饮水器，它主要由以下几部分组成：阀体、阀芯、滤网、回位弹簧、密封圈等。具有如下优点：饮水器密封性好，不漏水，工作可靠，重量轻；猪饮水时鸭嘴体被含入口内，水能充分饮入，不浪费；水流出时压力下降，流速较低，符合猪的饮水要求；卫生干净，可避免疫病传染。

2. 杯式饮水器

杯式饮水器常用的形式有弹簧阀门式和重力密封式两种。这种饮水器的主要优点是工作可靠、耐用，出水稳定，水量足，饮水不会溅洒，容易保持舍栏干燥。缺点是结构复杂，造价高，需定期清洗。

3. 乳头式饮水器

乳头式饮水器由钢球壳体阀杆组成。这种饮水器的优点是结构简单，对泥沙和杂质有较强的过滤能力，缺点是密封性差，需要减压。水压过高或水流过急，会导致猪饮水不适，水耗增加，易弄湿猪栏。

### （四）猪舍清粪设备

1. 清粪车

清粪车有人力手推清粪车和机动清粪车两种。

2. 水冲清粪设备

养猪场漏缝地板猪舍一般采用水冲清粪的形式，有水冲流送清粪、沉淀阀门式水冲清粪和自流式水冲清粪等。

3. 漏缝地板

漏缝地板有各种各样，使用的材料有水泥、木材、金属、玻璃钢、塑料、陶瓷等。漏缝地板具有如下优点：首先，它能使猪栏保持干燥卫生，能有效降低疾病的发生；其次，它省去了褥草，避免了养殖人员的清扫工作，减轻了养殖人员的工作强度。漏缝地板要求耐腐蚀、坚固耐用。

# 第四章　牛羊疾病防治技术

本章主要介绍牛羊疾病防治技术，主要从五个方面进行了阐述，分别是牛羊疫病的综合防治技术，牛羊主要传染病、主要寄生虫病防治技术，牛羊呼吸系统、消化系统疾病防治技术，牛羊主要产科、主要中毒疾病防控技术，以及牛羊主要营养代谢性疾病、外科疾病防控技术。

## 第一节　牛羊疫病的综合防治技术

### 一、加强饲养管理

#### （一）分群、分阶段饲养

牛羊的品种不同、性别不同、年龄不同，对于饲养管理有着不同的要求，为了保证畜体的正常发育和健康生长，采取分群、分阶段饲养的方式。

#### （二）创造良好的饲养环境

牛羊对于饲养环境也有着一定的要求：首先，牛羊的正常发育需要充足的阳光，畜舍的阳光要充足，有着良好的通风系统；其次，牛羊的健康生长对于温度和湿度也有着严格的要求，舍内温度一般要保持在9～16℃，湿度以50%～70%为宜，秋冬季节要能保暖，夏季能防暑；再次，牛羊的生长和繁殖离不开适度的运动，要根据牛羊的数量设立相应的运动场，配备先进的排水系统，保持运动场干燥无积水。

#### （三）保证适当的运动

舍饲牛羊每天上、下午在舍外自由活动1～2 h，沐浴阳光，以增强心、肺功能，促进钙盐利用，防止缺钙，但夏季应避免阳光直射。如图 4-1-1 所示，为牛羊放牧。

图 4-1-1 牛羊放牧

### （四）供给充足的饮水

水是家畜体内含量最多的物质，家畜的正常发育需要满足每天水的供应量。离开了水资源的支撑就无法保证家畜的生长和繁殖。为了保证水量的充足，必须有固定可靠的水源。家畜的生长发育对于水质也有一定的要求，必须确保水质良好。因此，为了保证家畜的正常代谢，凡是有条件的养殖场都应设置自动给水装置，为家畜提供清洁无污染的水，满足饮水量，使其维持健康水平。

### （五）坚持定期驱虫

有关资料显示，定期驱虫不仅有助于增强牛羊体质，而且能够有效减少寄生虫病和传染病的发生，对于牛羊的健康生长有着积极意义。因此，养殖场要高度重视驱虫工作，一年进行 2 次全牛群驱虫，时间以春季和秋季为宜。牛群在转群、转饲或转场时可适时进行驱虫。驱虫时还应考虑牛的年龄和生长发育特点，如犊牛 1 月龄时就要驱虫，5 个月之后再次进行驱虫。驱虫前应做粪检，了解畜群内寄生虫的种类，根据寄生虫的危害程度选择相应的驱虫药。

### （六）预防各类中毒病的发生

影响牛羊中毒病发生的因素是多种多样的，如食用有毒的动植物、饮食结构失衡等，中毒病不仅会损伤牛羊的免疫功能，而且会影响其生长发育质量，给养殖户造成不小的经济损失。因此，要做好预防工作，不得饲喂霉变的饲草、带毒的饼粕，将毒鼠药放在远离牛羊的地方，防止其误吞毒鼠药和毒死的老鼠。

## 二、防止疫病传入

### （一）牛场布局要利于防疫

1. 场址选择与规划

（1）养殖场应建在地势高，排水便利，背风向阳，且水源充足的地方（水质应符合无公害食品畜禽饮用水水质（NY5027）的要求），要避开风道。

（2）养殖场应尽可能远离污染。离开铁路以及公路主干线 500 m 以上。远离交通要道、化工厂、造纸厂、采矿场、冶炼厂等化学污染源或者住宅密集区、屠宰场、皮革厂、肉品加工厂、活畜交易市场等生物污染源，1000 m 内不应有其他动物饲养场（尤其是偶蹄动物）。其中，贮粪场和兽医室、病畜舍应设在距畜舍 200 m 以外的下风向。

（3）养殖场周围应设围墙、防疫沟与绿化带；生产区与办公区、生活区分开；生产区门口应设置消毒池和紫外线消毒间，牛羊舍入口处也应设置消毒池。

（4）养殖场内部布局应以减少交叉污染，便于消毒管理，利于牛的健康为原则。管理区、生产区、生活区严格分开（中间可设绿化带缓冲区），设粪便处理场、缓冲区与病牛羊隔离区。生产区要布置在管理区主风向的侧风向，隔离牛舍、粪便处理场和病、死牛处理区设在生产区主风向的下风或侧风向。净道（即牛群周转、饲养员行走、场内运送饲料、奶牛出入的专用通道）与污道（即粪便及废弃物、淘汰牛出场的道路）严格分开。牛舍设计要兼顾采光、通风、控温等方面，南方应有下级通风降温设施，北方则应考虑冬季挡风保暖，地面防滑而不积水，方便清扫、消毒。运动场应有一定坡度，地面硬而有弹性，不得有低洼水坑，应有凉棚和树木遮阴。牛舍和运动场周围设排水沟。如图 4-1-2 所示，为某养殖场内部景观。

图 4-1-2 某养殖场内部景观

2. 环境、饲料及饮水卫生

（1）环境卫生

及时清除粪便、污水，保持牛舍及运动场地的清洁卫生，并定期进行消毒。消毒的对象包括牛舍与运动场地、地面土壤、粪便、水源、空气等。具体方法如下。

①牛舍与运动场地的消毒。先将粪便、垫草等残余饲料、垃圾加以清扫，堆放在指定地点发酵处理，如有传染危险，则须焚烧或深埋。对地面、墙壁、门窗、饲槽、用具等进行严格的喷洒或清洗。泥泞圈舍可撒一层干石灰，并在消毒后垫上新干土。牛舍、场地常用的消毒药有 10%～20% 石灰乳剂，1%～10% 漂白粉澄清液，一般每平方米用药量为 1 L。牛舍气体消毒法是保持牛舍环境卫生、减少病原体的有效途径，所用药物为福尔马林和高锰酸钾，其操作流程如下：首先，准备一个金属容器，将水和福尔马林置于金属容器内，充分搅拌；其次，将事先称好的高锰酸钾倒入混合溶液中，立即有甲醛气蒸发出来。气体消毒法应遵循严格的技术规范，福尔马林、水和高锰酸钾按照 2∶1∶2 的标准，即每立方米空间应用福尔马林 25 mL，水 12.5 mL，高锰酸钾 25 g。需要注意的是，消毒过程中，门窗应该保持关闭状态，12～24 h 后再打开通风。为了彻底消除牛舍内的病原体，应在气体消毒前将所有牛只迁出，并将舍内所有的用具全部陈列摆开。

②对地面的消毒。针对不同病菌污染的地面采取不同的消毒方式，如检测发现地面中含有大量的芽孢杆菌，可采用如下消毒方式：首先，将 10% 漂白粉溶解

在水中；其次，用溶液喷洒地面，如再次检测仍发现地面残留大量芽孢杆菌，可挖起表面土 30 cm 左右，撒下漂白粉，与土混合后深埋。不同地面所采用的消毒方式也各不相同。如水泥地面被其他病菌污染后，可用消毒液喷洒消毒；如土地面被其他病菌污染后，可将表土翻起 30 cm，然后撒上漂白粉，喷洒水，待其湿润后，再次压平；如牧场被传染病污染，可将牧场空置一段时间，利用阳光暴晒，同时种植葱、小麦等具有灭杀病原微生物作用的植物，达到净化土壤的目的。

（2）饲料与饮水卫生

①饲料要干净，无杂物，不霉烂。饲喂前，一定要将饲料槽筛干净，并检查有无铁钉等杂物，霉烂变质的饲料绝不可用。

②槽内剩余草料要及时清扫干净。夏天尤其要注意，防止牛采食发霉的草料。

③被细菌污染的饲料也不要饲喂。

④对饮用水也要注意清洁卫生，盛水的器具要经常清洗，被污染的器具也要消毒灭菌。

**（二）引进牛羊时要检疫**

养殖场结合其养殖计划审慎地开展引进工作，遵循非必要不购买的原则，如果必须要购买，一定要对购买地区进行仔细的甄别，选择较少发生传播病的非疫区。购买前要去当地的兽医检疫部门报备，由兽医部门对引进的牛羊进行全面的检疫，确保其健康且没有携带病原体，向养殖户签发检疫证明书。即使引进的牛羊取得了检疫证明书，并不意味着它们是完全无害的，养殖场仍要对其进行全身消毒和驱虫后，方可引入场内。进场后，也不能立刻与其他牛羊共同饲喂，而是单独饲喂，以便进一步观察其身体状况，1 个月之后确认其是健康的，再并群饲养。引入育肥牛羊时要特别当心，尤其是在引进育肥牛时要做好检疫工作，检查是否携带口蹄疫、结核病、副结核病和牛传染性胸膜肺炎等病原体。

**（三）建立系统的防疫制度**

（1）谢绝无关人员进入养殖场。为了减少外部污染因素对养殖场带来的不良影响，需建立健全访客登记制度，谢绝无关人员进入养殖场，对于带来重要消息必须要进入养殖场的访客要做好消毒工作，须在衣帽室换上工作服，走过消毒池，经过紫外线消毒间消毒后方可入内。

（2）不允许在生产区内宰杀或解剖牛羊，禁止将生牛羊肉带入生产区或圈舍。

（3）消毒药水只有达到一定浓度才能起到消杀病原菌的功效，为了保证消毒池药水的有效性，必须定期更换消毒药水。生产区入口处应设消毒池，所有进入生产区的人员都必须从消毒池上通过，在紫外线消毒间停留消毒。

### （四）加强消毒

消毒是预防和控制疫病的重要手段。病原体无处不在，消毒能够抵制并消灭散播于外界的病原体，切断传播途径，阻止疾病的继续蔓延。

（1）养殖场根据养殖需要每年都会对家禽进行转饲或转场，时间多选在春季和秋季，可以借此时机开展大清扫、大消毒工作，消毒范围不仅包括畜舍、场地，还包括所有的用具。为了减少疾病的发生，畜舍应每个月消毒1次，每天使用清水冲洗厩床。保护土面厩床的干燥整洁，及时清理厩床上的粪污，勤垫圈。做好产房的消毒工作，产犊前、后都要仔细消毒。

（2）传染病的传播过程大致可以分为两个阶段，第一阶段是初始阶段，第二个阶段是爆发阶段。当传染病处于初始阶段时，要及时消灭刚从病牛羊体内排出的病原体，将已经确诊和疑似的病牛羊安排进入病畜隔离区，对它们的分泌物和排泄物进行反复消毒，饲养人员的衣服、鞋帽也要进行彻底消毒。

### （五）预防传染病的措施

（1）免疫接种。不管是人类还是动物，体内都具有对抗传染病的抵抗能力，只不过受遗传、环境等多方面因素的影响，这种抵抗能力有着个体差异性和隐藏性。免疫接种就是通过接种疫苗或菌苗，将机体内对某种传染病产生特异性的抵抗能力激发出来。以禽畜免疫接种为例，通过接种疫苗或菌苗，原本容易感染某种疾病的群体转变为不容易感染的群体，从而降低传染病的发生率。为了有效减少传染病的发生，我国出台了《中华人民共和国动物防疫法》及其配套法规，牛羊养殖场要严格遵守这些法律法规，结合当地的实际情况，有选择地进行疾病的预防接种工作。不同的疫苗，其使用方法和要求是大不相同的，应按要求进行操作（表4-1-1）。

表 4-1-1　牛常用疫（菌）苗的保存、使用方法和免疫期

| 疫（菌）苗名称 | 保存期限 | 使用方法 | 免疫期 |
|---|---|---|---|
| 无毒炭疽芽孢苗 | 2～15℃干燥冷暗处，有效期 2 年 | 1 岁以上牛皮下注射 1 mL，1 岁以下 0.5 mL | 注射后 14 d 产生坚强免疫力，免疫期 1 年 |
| Ⅱ号炭疽芽孢苗 | 同上 | 不论大小均皮下注射 1 mL | 同上 |
| 气肿疽明矾菌苗 | 同上 | 不论大小均皮下注射 1 mL，小牛在满 6 月龄时再注射 1 次 | 注射后 14 d 产生免疫力，免疫期 6 个月 |
| 牛出血性败血病氢氧化铝菌苗 | 2～15℃干燥冷暗处，有效期 1 年 | 体重 100 kg 以下者，皮下注射 4 mL；100 kg 以上者，注射 6 mL | 注射后 21 d 产生免疫力，免疫期 9 个月 |
| 布氏杆菌 19 号活菌苗 | 湿苗 2～8℃，45 d；冻干苗 0～8℃，1 d | 皮下注射 5 mL | 注射后 1 个月产生免疫力，免疫期 6～7 个月 |
| 布氏杆菌猪型 2 号弱毒菌苗 | 液体苗 0～8℃，45 d；冻干苗 0～8℃，1 年 | 皮下或肌内注射 5 mL | 1 年 |
| 布氏杆菌羊型 5 号菌苗 | 0～8℃，1 年 | 皮下或肌内注射 2.5 mL，气雾免疫时每头牛室内量为 250 亿活菌（2.5 mL） | 1 年 |
| 牛肺疫兔化弱毒疫苗 | 0～5℃，10 d | 氢氧化铝菌苗：1 岁以内 1 mL，1 岁以上 2 mL。肌内注射盐水苗：1 岁以内 0.5 mL，1 岁以上 1 mL。尾端皮下注射 | 注射后 21～28 d 产生免疫力，免疫期 1 年 |
| 口蹄疫弱毒疫苗 | 2～6℃，3 个月 | 成年牛 2 mL，1 岁以下 0.5～1mL。肌内或皮下注射 | 注射后 14 d 产生免疫力，免疫期 4～6 个月 |
| 破伤风明矾沉淀类毒素 | 2～10℃，3 年 | 成年牛 1 mL，1 岁以下 0.5 mL。颈中央上 1/3 处皮下注射 | 注射后 1 个月产生免疫力，免疫期 1 年 |

（2）养殖场要将生产区和生活区分开。做好生产区门口的消毒工作并配备相应的设施，如在生产区门口设置消毒室和消毒池，定期更换消毒药水，条件允许时还可引进先进的消毒设施。

### 三、疫病控制和扑灭

疫病的种类是多种多样的，我国兽医检疫部门检测的疫病通常有口蹄疫、炭疽、牛白血病、结核病、布鲁氏杆菌病等，但同时还有外来的疫病和早已扑灭的疫病，如果忽略这些疫病极有可能引发大规模的传染病，如牛瘟、传染性胸膜肺炎、牛海绵状脑病等，这就要求检疫部门要加强对这些疫病的监测，同时，不同地区往往有着特殊的病原体，检疫部门要了解当地疫病的种类和危害程度，并选择必要的疫病进行监测。牛场养殖人员如果发现有牛出现疫病症状应及时向兽医卫生机构报告，经兽医卫生机构确认疫病或疑似疫病时，应根据《中华人民共和国动物防疫法》及时采取有效措施进行控制和扑灭。

#### （一）疫情确定及汇报

立即组成防疫小组，及时隔离病牛羊或疑似病牛羊，尽快作出诊断，迅速向上级有关部门报告疫情。如果防疫小组无法准确判定病原，应加强同其他部门的合作，将病料送入有关部门检验，必要时通报友邻。

#### （二）隔离、封锁

对于疑似疫病症状的病牛和病羊迅速将其安置到病畜隔离区，对危害较重的传染病应划区封锁建立封锁带，建立健全封锁体系，严禁无关人员进入，对于必须要进入封锁区的人员和车辆做好消毒工作。病牛羊和疑似病牛羊的分泌物和排泄物也有可能携带病原体，应对场地、用具等污染物进行消毒，同时饲养病牛羊和可疑病牛羊的工作人员的工作服中也能携带病原体，对工作服及其他污染物要及时进行消毒。

#### （三）疫情处置

防疫小组通过技术手段，确诊为传染病时，应按照相关法规和技术规范迅速采取相应措施。为了切断传播途径，要对畜群进行全面的检查。对于病畜隔离区内、能够治愈的病牛羊进行治疗，无法治愈的病牛羊淘汰或宰杀。未出现疫病症状的牛羊可假定为健康牛羊，为避免疫病蔓延，应进行紧急预防接种或进行药物预防。根据病牛羊的发病特点，采取科学合理的综合防治措施。除了及时用磺胺类、抗生素药物治疗外，有条件可用特异性免疫血清作紧急接种，以减少其经济损失，尸体要严格按照防疫条例进行处理。

### （四）解除封锁

解除封锁需要满足以下条件：首先，最后一头病畜经治疗痊愈后或屠宰后的两个潜伏期内，该养殖场再未出现新病例；其次，对畜舍的环境、用具等进行全面消毒，彻底消杀病菌；最后，将养殖场的情况如实上报给上级主管部门，要求解除封锁，批准后方可解除封锁。

## 四、病死牛羊及产品处理

根据死亡方式的不同，对病牛羊采取不同的处理方式。对于机械性创伤引起的病牛羊应及时进行治疗，如果无法治愈，尸体应运送到定点区域进行无害化处理。对于非传染病引起的病牛羊，应运用综合治疗方式帮助其恢复健康，如果无法治愈，尸体进行无害化处理。养殖场内发生传染病后，及时将确诊和疑似病牛羊置于病畜隔离区，按照 GB 16548—2006 病害动物和病害动物产品生物安全处理规程的规定处理其尸体。

## 五、废弃物处理

禽畜每天都会产生大量粪污，场区内应于生产区的下风处设贮粪池，将粪污处理纳入管理体系中，完善粪污处理制度，设置专门岗位由专人处理粪污，每天除去牛舍及运动场中的褥草、粪便及其他污染物，并及时将粪便运送到贮粪池。借鉴欧美等国家的粪污处理模式，引进粪污处理设施，废弃物的处理应遵循减量化、无害化和资源化的原则。

# 第二节　牛羊主要传染病防治技术

## 一、口蹄疫

口蹄疫是威胁牛羊健康的主要疾病之一，该病是由口蹄疫病毒引起偶蹄动物的传染病，具有传染性强、传播速度快、高度接触性的特点，为人畜共患病，判断牛羊是否为口蹄疫的标准之一是口腔黏膜、乳头、舌部和蹄部皮肤处是否形成水疱，若是，牛羊就有患口蹄疫的风险，应及时采取防治措施。

### （一）病原及流行特点

口蹄疫病毒属小核糖核酸病毒科口蹄疫病毒属，根据血清学反应的抗原关系，病毒可分为O、A、C、亚洲1、南非1、南非2、南非3等7个不同的血清型和60多个亚型。各型引起的症状相同，但其抗原性不同，不能相互免疫。

口蹄疫病毒对酸、碱特别敏感。pH为3时，瞬间丧失感染力；pH为5.5时，1 s内90%被灭活；1%~2%氢氧化钠溶液或4%碳酸氢钠溶液在1 min内可将病毒杀死。-70℃~-50℃时病毒可存活数年，85℃时1 min即可杀死病毒。巴氏消毒（72℃，15 min）能使牛奶中病毒感染力丧失。医学实验证明，在自然条件下，口蹄疫病毒在牛毛中的存活率可达24 d，在皮肤中的存活率更是高达104 d。紫外线能够有效杀死病毒，乙醚、丙酮、氯仿和蛋白酶无法起到消杀病毒的功效。

口蹄疫是偶蹄动物的多发疾病，如猪、牛、骆驼、山羊和鹿等。医学界进行口蹄疫病毒试验时，通常以豚鼠、乳鼠作为试验对象，将口蹄疫病毒注射到其体内以观察感染情况。口蹄疫病毒的潜伏期较长，已经感染的动物能长期带毒和排毒。病毒主要存在于食道、咽部及软腭部。携带病毒的动物成为传播者后，通过唾液、乳汁、粪等散播病毒。带毒动物所在的圈舍、饮用过的水源、走过的草地都有可能感染病毒，成为重要的疫源地。牛感染口蹄疫病毒的概率要略高于羊，已经感染口蹄疫病毒并且出现症状的病羊和潜伏期带毒病羊是引发口蹄疫的主要感染源，病毒大量存在于水疱皮和水疱液中。鸟类、猫、犬以及昆虫都是传播口蹄疫的重要载体，病毒可通过接触、饮水和空气传播。

### （二）症状及病变

潜伏期一般为2~4 d，最长可达7 d。患有口蹄疫的病牛在初始阶段一般会出现以下症状：健康牛的体温一般在37.5~39.5℃，病牛的体温会在很短时间内上升到40~42℃，精神沉郁，采食量减少，反刍迟缓，咀嚼和吞咽困难。1~2 d后，症状逐渐明显，唇部和面部出现多处水疱，特别是舌面和舌的两侧、齿龈、硬腭处更为明显，水疱的大小不等，最大的可达鸡蛋大小，流涎增多。一昼夜之后，水疱破裂糜烂。最初水疱内是无色或淡黄色液体，随着时间推移逐渐混浊，转变为灰白色液体，2～3 d 后，水疱破裂后形成浅表的糜烂，边缘呈不规则状，此时，大部分病牛的体温恢复到正常范围。水疱有时也会出现在鼻部，如鼻盘或鼻镜处。除了面部之外，口蹄疫病毒还会对牛的其他部位造成损害，如病牛的蹄部出现发热、皮肤肿胀等症状。兽医卫生人员为了准确诊断是否为口蹄疫时，会检查病牛蹄冠和蹄趾间的柔软皮肤。如果在口腔水疱出现的同时或不久之后，这些部位也出现了大小不等的水疱，就可确诊该牛患有口蹄疫。对于蹄冠出现水疱的病牛要及时采取有效的治疗措施，如果治疗不及时，可能会产生蹄匣脱落的严重后果。有的病牛的乳房上皮肤上也会出现水疱。虽然口蹄疫病毒具有很强的传染性，但是该病一般呈良性，治愈时间较快，大部分病牛 1 周左右就会痊愈，病死率较低。如图 4-2-1，为牛口蹄疫初期症状图。

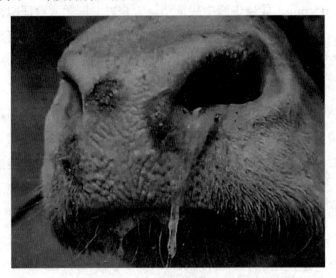

**图 4-2-1　牛口蹄疫初期症状图**

病羊流涎、食欲下降、反刍减少或停止、体温升高。常呈群发，口腔黏膜和舌表面产生水疱、糜烂与溃疡。四肢的皮肤、蹄部产生水疱和糜烂，出现跛行症状。羔羊有时有出血性胃肠炎，表现为腹泻，常因心肌炎而死亡。

本病的病理剖检特点主要是食管和前胃黏膜上见到水疱和烂斑。羔羊主要是心肌炎的变化，表现为心肌切面有不规则的灰黄色至灰白色条纹斑点（"虎斑心"）。

**（三）诊　断**

（1）口、蹄部的典型病变。

（2）本病传播速度快，流行广。

（3）实验室检查时，应无菌操作。给犊牛接种时应注意：预先把健康犊牛的口腔黏膜划破，再将新鲜病料涂在划破的黏膜上，如出现典型的口蹄疫症状即可确诊。采取的病羊水疱皮、水疱液或发热时的血液，送往有关检验部门检验。

**（四）治　疗**

此病目前尚无特效疗法，故应加强护理，对症治疗。若口腔糜烂，可用食醋或 0.1% 高锰酸钾液冲洗，亦可涂抹 1%～2% 明矾或碘酊甘油，也可喷冰硼散；蹄部选用 3% 臭药水，3% 来苏水或 3%～5% 硫酸铜溶液浸泡，然后涂抹龙胆紫等。

**（五）预　防**

（1）加强检疫。检疫是预防口蹄疫的有效途径，必须购买动物时，应认真调查引进动物地区（国家）是否有口蹄疫，如果买入地发生过口蹄疫，就要选择无口蹄疫的地区引进动物、饲料，严禁从有病地区购买动物和生物制品，防止携带病原。即使来自无病区的动物及其产品也并不是安全无害的，也要经过兽医检疫部门检疫。

（2）预防接种。本病主要防治措施是免疫接种，属国家强制免疫的疫病，所有存栏牛必须免疫。犊牛 90 日龄左右首免，30 d 后加强免疫 1 次，以后每 6 个月免疫 1 次。使用口蹄疫 O 型、亚洲 1 型二价灭活疫苗，1 岁以下的犊牛肌内注射 2 mL，成年牛 3 mL，免疫期 6 个月。

（3）加强防护消毒。可用 2% 氢氧化钠（火碱）对畜舍、用具消毒。病畜粪便、残余饲料及垫草应烧毁，或运至指定地点堆积发酵。

## 二、炭　疽

炭疽是由炭疽杆菌引起的人畜共患传染病，以天然孔出血、血凝不良、尸僵不全为主要特征。

**（一）病原及流行特点**

该病是由炭疽杆菌引起的急性烈性传染病，常呈败血性。炭疽杆菌是一种革兰氏阳性粗大杆菌，长 5～10 μm，宽 1～2 μm，无鞭毛，不运动，菌体两端平齐，呈短链状，两菌体相连呈竹节样排列。在培养基中呈长链状，暴露在适宜温度下可形成芽孢。本病病菌对理化因素的抵抗力不强，用一般消毒药均可将其杀死，但形成芽孢后，其抵抗力变得很强，在皮革或污染土壤中可存活数十年，在粪便中可存活 1 年以上。常用的消毒药，如 5% 石碳酸液、5% 漂白粉液、3% 过氧乙酸溶液等可将其杀死。病菌对磺胺类药物、青霉素、链霉素和四环素等敏感，这些药物能抑制其繁殖体生长和芽孢形成。

本病的传染源是病牛羊和其他带菌动物。病畜的分泌物和排泄物中都含有炭疽杆菌，特别是当病畜处于濒死期时，大量的血液就会从天然孔流出，这些血液和各组织器官中含有大量的炭疽杆菌。病畜走过土壤，体内携带的炭疽杆菌会进入土壤中，从而使得土壤成为疫源地；病畜饮用过的水又会造成水源污染，使得水源成为疫源地；饲养病畜的养殖场也将成为疫源地。炭疽杆菌具有生命力强的特性，在不良的条件下会形成芽孢，存活时间可达 50 年以上。目前的防疫手段并不能完全灭杀芽孢，因此，被该病原污染的土壤、牧场可成为永久性疫源地。夏季气温高、雨量多，容易将病畜遗骸冲出，可引起本病在一定范围内再次散发或流行；洪水泛滥过的河流及低湿地区，给炭疽杆菌创造了有利的繁殖条件，常易暴发本病。当炭疽痈破溃后，病菌也可随炎性产物排到所处环境中，构成本病的传染源。传播途径主要是消化道，也可经受伤的黏膜和皮肤、带菌吸血昆虫的叮咬或由呼吸道吸入含炭疽芽孢杆菌的灰尘等途径而感染发病。本病呈地方性流行或散发，且夏季多发。

### （二）症状及病变

牛羊感染炭疽杆菌并不会马上发病，而是有一个潜伏期，时间约为 1～5 d。根据潜伏期和症状的不同，该病可分为最急性型、急性型和亚急性型。

（1）最急性型。病牛感染炭疽杆菌通常不会出现典型症状，而是突然发病，主要有以下表现：体温迅速攀升，行动迟缓，步行不稳甚至倒地昏迷。观察牛的眼睛，黏膜呈青紫色，出现呼吸困难、肌肉震颤等症状，严重者天然孔开始出血。病程为数分钟至几小时。

不同品种的羊在感染炭疽杆菌后，潜伏期长短不一，一般为 3～6 d，有的潜伏期长达 14 d。绵羊的潜伏期较短，感染病毒后，一般 12～24 h 就会发病，具有发病快、症状严重的特点，主要表现在以下方面：羊只突然倒地，全身痉挛，天然孔流出带有血泡的黑红色液体，数分钟分内就会死亡。病程稍长者会在数小时内死亡，通常会出现兴奋不安、呼吸急促等症状。观察病羊的眼睛，发现黏膜发绀，随着病情的加重，出现卧地不起、天然孔流出血水的症状。有的病羊的体温会迅速升高，还有的病羊精神沉郁，出现腹痛症状。如图 4-2-2 所示，为羊炭疽发作症状图。

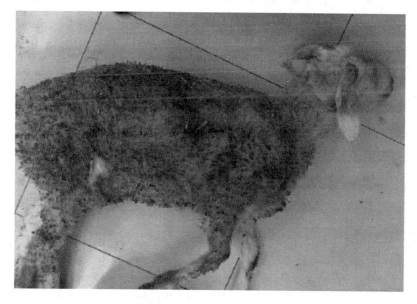

**图 4-2-2　为羊炭疽发作症状图**

（2）急性型：炭疽症发作初期，病牛的体温升高到 41～42℃，食欲减退，采食量减少，反刍停止，孕牛感染炭疽杆菌后可能会导致流产。随着病情的加重，症状越发明显，病牛出现反复哞叫的情况，随后神情转为沉郁，呼吸困难，肌肉震颤，有的牛也会步态不稳。观察病牛的眼睛，黏膜发绀有出血斑点。炭疽症初期，牛的消化功能迟缓，初期表现为便秘，如果未能采取有效措施，就会导致腹泻、便血，严重者会出现血尿。末期，病牛的体温突然下降，天然孔出血，最后痉挛而死。病程一般 1～2 d。

（3）亚急性型：开始症状不明显，主要在喉、颈、胸、外阴及直肠等处发生炭疽痈。有时发生咽喉炎，呼吸极度困难。观察病牛的皮肤，出现局部的炎性水肿，口腔黏膜内出现局部的炎性水肿，如果治疗不及时，一般 10～36 h 死亡。发病时间持续较长，通常为数天，有的甚至长达 1 周以上。

### （三）诊　断

本病多散发，可根据流行病学、特征性症状和病理变化诊断，最终确诊可通过病原微生物和血清学检查，但凡症状怀疑为炭疽者严禁自行剖检。

（1）显微镜检查。显微镜在疫病诊断中发挥着重要作用，显微镜检查遵循以下流程：首先，采取病畜生前的静脉血，如果病畜尸体已经处理掉，无法采集静脉血，可选取疑似炭疽病的动物的粪便；其次，涂片，用亚甲蓝和瑞氏染色；最后，开始镜检。炭疽杆菌的形态特征为个体较大，两端平直，成对或成短链状，如果发现检测样本呈现以上特征，就可作出初步判断。

（2）沉淀环状反应。兽医卫生人员通常用该方法诊断本病。具体操作流程如下：首先，进行细菌分离；然后，将细菌注入小白鼠体内做炭疽沉淀试验，即 Ascoli 反应。

### （四）治　疗

本病治疗可用抗炭疽血清、青霉素、链霉素、土霉素和磺胺类药。

病羊在严格隔离条件下进行治疗，抗炭疽血清是治疗本病的特效药品，可用抗炭疽血清 40～100 ml 进行皮下或静脉注射，必要时可间隔 12 h 再注射 1 次。青霉素 80 万～160 万 IU，2 次 /d。此外，也可选用磺胺嘧啶、土霉素和氯霉素等抗生素治疗。

### （五）预　防

主要预防措施是免疫接种，可采用炭疽 II 号芽孢苗或无毒芽孢苗。对易感群体或近 2～3 年曾经发生过。炭疽的地区存栏牛羊每年免疫 1 次，炭疽 II 号芽孢苗皮下或肌内注射 1 mL，免疫期 1 年。无毒炭疽芽孢苗成年牛 1 mL，1 岁以下牛 0.5 mL，免疫期 1 年。发生该病时，应立即上报疫情，划定疫区，封锁场所。对病牛厩舍应用漂白粉、火碱溶液等彻底消毒，污染的饲料、垫草、粪便应焚烧。尸体应焚烧或深埋处理。

## 三、牛流行热

牛流行热又被称为"三日热""暂时热"，它是由牛流行病毒引起的传染病，具有传播性强、发病速度快、全身性的特点，临床特征是体温升高，出血性胃肠炎、气喘，甚至瘫痪。此病多发生于气候潮湿的夏秋之交，妊娠牛和高产牛发病率较高。

### （一）病原及流行特点

牛流行热病毒属于弹状病毒，其形态特征为：个体较大，两端平直，顶端稍钝圆，与子弹的外形相近，常见于病牛的血液中。采集高热期病牛的血液 2 mL，以静脉注射的方式注入健康牛的体内，3～5 d 之后健康牛就会发病。本病的传播范围较广，不分品种、年龄和性别，奶牛的发病率更高，越是高产奶牛，往往症状越严重。多发季节是降雨量多的 8—10 月份，因此时蚊蝇易于滋生，而蚊蝇恰恰是其传播媒介。病牛是主要的传染源，其高热期血液中含病毒，吸血昆虫即可通过吸血进行传播。

### （二）症状及病变

本病潜伏期 3～7 d，突然发病，出现高热，高热持续 2～3 d，所以叫"三日热"。病牛精神沉郁，鼻镜干燥，反刍停止，泌乳下降，不愿活动，喜卧，后肢抬举困难。呼吸急促，呼吸次数明显增加，胸部听诊，肺泡音高亢。结膜充血、水肿，流泪、流涎。便秘或腹泻，尿量减少，尿褐色混浊。流泡沫样鼻液。

### （三）诊　断

根据牛流行热多发于夏末秋初，传播迅速，只发生于牛群中，病牛高热明显，有严重呼吸困难，跛行和卧地不起等特点可作出诊断。但应注意与蓝舌病，牛传染性鼻气管炎和副流感进行鉴别。

### （四）治　疗

对本病的治疗，目前还没有特效药，主要是进行对症治疗。

（1）轻症病牛。复方氨基比林 30～50 mL 或 30% 安乃近 20～30 mL 肌内注射；静脉注射葡萄糖氯化钠注射液 1 000～2 000 mL，0.5% 氢化可的松 30～80 mL 或复方水杨酸钠 100～200 mL。

（2）跛行严重或卧地不起的病牛。用 10% 水杨酸钠 100～200 mL，3% 普鲁卡因 20～30 mL 加入 5% 葡萄糖注射液 250 mL，5% 碳酸氢钠注射液 200～500 mL 静脉注射。

（2）重症病牛。医学实验表明，单一的治疗虽然能够缓解症状，但是治疗效果并不明显，采用综合治疗的方式能够在短时间内取得良好的效果。综合治疗包括以下方面：第一，以肌内注射的方式给予病牛解热镇痛剂；第二，采用物理疗法，用冷水洗身或灌肠以降低体温；第三，为保证心脏的活力，肌内注射安钠咖强心；第四，肺水肿是引发病牛死亡的重要并发症，为缓解肺水肿，静脉放血1 000～2 000 mL；第五，加速血液循环有助于排毒，可静脉注射葡萄糖氯化钠注射液水，条件允许，可注射维生素 C；第六，激发感染是引发死亡的重要因素，为避免出现激发感染的情况，可使用抗菌药物。如果病牛出现呼吸困难的症状，可给予吸氧、皮下注射或静脉滴注过氧化氢（3% 过氧化氢 50～100 mL 加入 500 mL 生理盐水中）、肌内注射 25% 氨茶碱 5 mL 或麻黄素 10 mL；瘤胃臌胀时，可内服芳香胺酯 20～50 mL，稀盐酸或乳酸等。

（4）中药治疗：①柴胡、黄芩、葛根、荆芥、防风、秦艽、羌活各 30 g，知母、甘草各 15 g，大蒜 3 颗为引，研末冲服（用于初期）。②生石膏 25 g、生地 47 g、川黄连 25 g、栀子 31 g、桔梗 25 g、黑元参 16 g、知母 31 g、黄芩 47 g、连翘 31 g、木通 31 g、车前子 31 g、赤芍 31 g，水煎服，1 剂 /d，用至体温下降。

### （五）预 防

主要做好免疫接种，用弱毒疫苗进行接种，第一次注射后，间隔 1 个月再注 1 次，一般免疫期可达半年以上。患牛康复后在一定时期内对此病都有一定的免疫力。注意卫生，积极采取措施消灭蚊蝇，做好防暑降温，全价饲养，以提高机体的自身抗病能力。

## 四、羊 痘

本病是由绵羊痘病毒引起的最严重的羊病之一。皮肤和黏膜上出现特异的痘疹为该病的典型特征，兽医卫生人员以此作为诊断标准。

### （一）病原及流行特点

本病的病原为绵羊痘病毒，潜伏期 4～20 d，可发生于任何季节，但以春、秋两季较为多发。病羊是传染源，主要通过污染的空气经呼吸道传染，也可通过损伤的皮肤或黏膜等途径侵入机体。被毛或痘痂中的病毒可保持毒力 6～8 d。病毒耐冷不耐热。所有品种、性别和年龄的绵羊均可感染，但细毛羊较粗毛羊或土种羊的易感性大，病情也较重；羔羊较成年羊敏感，病死率也较高。如图4-2-3所示，为羊痘图。

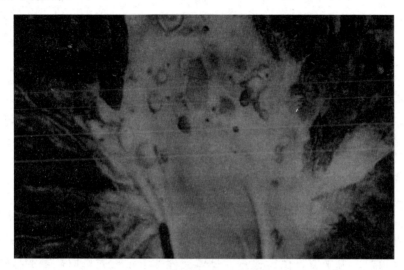

图4-2-3　羊　痘

## （二）症　状

临床上可分为典型经过和非典型经过。

（1）典型经过：最为常见，病羊体温升高可达40～42℃，呼吸、脉搏加快，结膜潮红、肿胀，流黏液性鼻液，持续1～4 d后，在皮肤的无毛或少毛部位发生典型的痘疹。痘疹的发生分为下列几个时期。

①红斑期。皮肤上出现绿豆至豌豆大的淡红色圆形充血斑点，为期1～2 d。

②丘疹期。随着病情的加重，原本绿豆大小的斑点发展为豌豆大小，凸出于皮肤表面，呈苍白色，大约持续1～3 d。

③水疱期。丘疹逐渐变为水疱，内有清亮黄色的液体。在此期间，病羊体温略有下降。

④脓疱期。水疱很快化脓，脓疱的四周隆起而中央凹陷，形如脐状，故名"痘脐"，约持续3 d。化脓期间，体温再度上升。

⑤结痂期。脓疱形成的同时或稍后，体温开始下降，逐渐降到正常范围。脓液逐渐干涸形成痂皮，大约7 d左右痂皮开始脱落，在皮肤表面留下淡红色或苍

白色的瘢痕。整个发病过程持续 3～4 周，病死率较低，多以痊愈告终。

（2）非典型经过：羊只感染绵羊痘病毒后仅出现体温升高和黏膜卡他症状，皮肤表层并不会出现痘疹或者仅出现少量痘疹，即使出现痘疹也不会像典型经过那样呈现多种症状，而是出现硬结状痘疹，在几天内干燥或脱落，不会形成水疱和脓疱。医学界将非典型经过出现的水疱称为"顿挫型绵羊痘""一过性绵羊痘"。有的病羊会出现疱疹内出血的症状，如果不及时治疗，全身症状加剧，原本单独的脓疱逐渐扩大、融合形成大脓疱，医学界称之为融合痘，严重者会引发皮肤坏死甚至坏疽，形成溃疡。非典型病例的发生概率较低，但是有一定的致死率，如果不给予重视，病羊可能会因继发败血症或脓毒败血症而死亡，病死率为 20%～50%。

### （三）诊　断

本病呈群发性和流行性经过，症状十分明显，故诊断一般没有困难。对非典型经过的病羊，可采取显微镜检查，具体流程如下：首先选取病畜的痘疹组织；其次，涂片，用亚甲蓝和瑞氏染色；最后，镜检。绵羊痘病毒的分子特征为：球菌样圆形原生小体，呈深褐色。如果发现检测样本出现以上特征，便可确诊为绵羊痘。

### （四）治　疗

对隔离的病羊，可进行对症治疗。对皮肤痘疹，可用 2% 来苏儿、0.1% 新洁尔灭等冲洗后，涂以碘酊或紫药水；黏膜上的病变，可用 0.1% 高锰酸钾冲洗后，涂擦碘甘油或紫药水。经过治疗痊愈后的羊仍有继发感染的风险，需继续使用磺胺药和青霉素、链霉素，以促进羊的健康。对经济价值较高的种羊或幼羔，可皮下或肌内注射痊愈羊的血清，注射标准为 1 mL/kg 体重，可取得较好的疗效。

### （五）预　防

（1）消除病因：加强饲养管理，不从疫区引进羊或购入畜产品。新购入的羊群须隔离观察，确认健康后再合群饲养。

（2）预防接种：对绵羊痘疫区和受威胁区的羊，定期进行预防接种。

（3）强制措施：发生疫情后，应将病羊和疑似病羊置于病畜隔离区隔离，对畜舍、场区和用具进行全面的消毒，必要时进行封锁。实践证明，2%的火碱、20%的福尔马林以及浓度在10%～20%的石灰乳剂等消毒液有着良好的消毒效果，发生疫情后可以用上述消毒液进行彻底消毒。接种是防止羊痘大规模爆发的重要手段。养殖场在确诊羊痘后，对尚未发病的健康羊可进行痘苗的紧急接种。必要时通知友邻，对周围的羊群接种痘苗。使用羊痘鸡胚化弱毒疫苗时，不论羊龄大小，一律在尾部或股内侧皮下注射疫苗0.5 mL，注射后4～6 d产生可靠免疫力，免疫期为1年。细毛羊对该疫苗的副反应较强。

## 五、羊快疫

羊快疫是由腐败梭菌引起的一种急性传染病，是威胁羊群健康最严重的疾病之一，临床以突然死亡为特征。

### （一）病原及流行特点

病原为腐败梭菌。此病多发于6月龄至2岁的绵羊，山羊也有易感性，但较少发病。发病突然、病程短促，往往还未见临床症状就突然死亡。多发于春末至秋季阴雨季节，对养殖业危害较大。

### （二）症状及病变

羊快疫具有发病突然的特性，比较常见的是，原本在牧场上吃草的病羊突然死亡，或者前一天晚上还活蹦乱跳的羊，第二天早上就死在羊圈内。有的病羊在感染腐败梭菌后出现疝痛、腹胀、磨牙等症状，观察病羊的眼睛，结膜发绀，最后痉挛而死。

对病羊的尸体进行剖检，可见其胃黏膜呈现出血性、坏死性炎症，体腔内有大量积液，心内外膜有点状出血。

### （三）诊　断

（1）取死羊肝脏涂片，染色镜检，可检查出两端钝圆的革兰阳性粗大杆菌。

（2）心血病料接种普通肉汤、葡萄糖鲜血琼脂、厌氧肉肝汤进行病原分离。

（3）豚鼠或小鼠感染试验。

## （四）治　疗

对发病的羊群，立即隔离病羊，彻底清扫羊圈，并用 2%～4% 氢氧化钠热水溶液或 20% 石灰乳消毒 3～5 次，同时投服抗生素、磺胺类药物，并采取其他对症疗法。

## （五）预　防

本病经过迅速，往往来不及治疗即已死亡，因此，控制本病的关键在于加强平时的防疫措施。在本病常发地区，每年定期接种羊快疫、羊猝狙、羊肠毒血症三联菌苗，或羊快疫、羊猝狙、羊肠毒血症、羊黑疫、羔羊痢疾五联菌苗。接种疫苗时采取皮下注射的方式，剂量为 5 mL 每支。接种疫苗后并不会即刻产生免疫力，两周以后羊只体内才能产生抵抗能力，免疫期 6 个月以上。

# 第三节　牛羊呼吸系统及消化系统疾病防治技术

## 一、牛羊呼吸系统疾病防治技术

牛羊呼吸系统疾病有很多种，本节列举几种常见的疾病，如表 4-3-1 所示，为牛羊主要呼吸系统疾病与预防方法。

表 4-3-1　牛羊主要呼吸系统疾病与预防方法

| 牛羊主要呼吸系统疾病 | 预防方法 |
| --- | --- |
| 咽炎 | 搞好饲养管理工作，注意饲料的质量和调制 |
| 喉炎 | 同上 |
| 胸膜炎 | 加强饲养管理，增强机体抵抗力 |
| 支气管炎 | 加强平时的饲养管理，保持环境卫生 |
| 感冒 | 加强饲养管理，注意气温变化 |

## （一）咽　炎

咽炎是指咽黏膜与黏膜下层部位炎症。临床上一般以吞咽障碍、疼痛、厌食、咳嗽为特征，以牛多发。

1. 病　因

咽炎的病因是多种多样的，如饲养牛羊的饲料不恰当，采食过冷、过热、过于粗硬或者有芒刺、超过保质期出现霉斑的饲料，就有可能产生咽炎。外界环境的转变也是引发咽炎的重要原因之一，如牛羊转场、转饲时受到刺激性药物和刺激性气体的刺激，造成咽黏膜损伤进而产生炎症。机械性损伤也会引发咽炎，如胃管插伤。正常情况下，牛羊体内对于链球菌、大肠杆菌等致病菌有着一定的抵抗力，如果畜舍气温降低导致牛羊受寒或者过劳时，机体抵抗力就会下降，就很容易受致病菌的侵害，进而引发咽炎。此外，牛患口炎、喉炎等疾病，亦可继发咽炎。

2. 症　状

病牛头颈伸直，采食缓慢而谨慎，并常中断，吞咽困难，吞咽时伸头、点头或头向侧边运动；常空口咀嚼，空口吞咽，前蹄踏地或刨地；触诊咽部敏感、热痛。严重者食团（草料）或饮水从口、鼻中流出；饮食时多咳嗽并咳出食物；口中垂涎，呼吸困难并常伴有鼾鸣音或口哨音。

3. 诊　断

兽医卫生人员通过以下症状作为判定牛羊是否患有咽炎的标准：第一，头颈伸展是否出现明显改变，第二，流涎是否增加，第三，是否出现吞咽障碍。为了确诊是否为咽炎，还需要以咽部视诊的特征病理变化为依据。只有综合考虑多方面的因素，才能作出诊断。

4. 治　疗

咽炎初期，病畜的食欲减退，吞咽困难，为了有效缓解病痛，可采用物理疗法：先用冰袋对咽喉部进行冷敷，之后再热敷，每日 3～4 次，每次 20～30 min。药物治疗是消除炎症的有效方法，可将樟脑酒精或鱼石脂软膏外敷，或用复方醋酸铅散或 25% 的硫酸镁外敷患部。0.1% 高锰酸钾溶液 500 mL，冲洗口腔。也可将 1%～2% 的来苏儿溶液加热后套在口上用蒸汽熏蒸。还可用醋酸铅 10 g，明矾 5 g，樟脑 2 g，薄荷脑 1 g，白陶土 80 g，用水调和成泥状，涂于外咽部或用碘甘油（1：3）涂抹咽部。

青霉素 400 万 IU、链霉素 400 万 IU，一次肌内注射，2 次 /d，连用 5 d。青霉素 240～320 万 IU，0.25% 普鲁卡因注射液 50 mL，咽喉部封闭。

也可用下列中药治疗。

方一：青黛 20 g，冰片 6 g，白矾 16 g，黄连 15 g，硼砂 12 g，柿霜 16 g，黄柏 20 g，栀子 12 g。共研为末，装入布袋里衔进口中，每天换 1 次。以上剂量，5 次用完。

方二：雄黄、白及、龙骨、大黄、白蔹各等份。共研为末，用醋调，敷在口外咽部。

方三：青黛散。青黛 50 g，黄柏 50 g，儿茶 50 g，冰片 5 g，胆矾 25 g。研细末，纱布包，口衔。

方四：冰片、硼砂、元明粉各 3 份，朱砂 1 份，共研为末，吹向咽部。

方五：熟黄瓜 1 条、白矾 30～50 g。将黄瓜挖去籽，装入白矾，在阴凉处阴干后，研末备用。1 次 /d，吹入咽部。

方六：五味消毒饮。金银花 40 g，野菊花 40 g，紫花地丁 40 g，蒲公英 40 g，连翘 40 g。水煎，一次灌服。

方七：银花 42 g，紫花 45 g，地丁 43 g，菊花 50 g，蒲公英 50 g，连翘 45 g。水煎汁，温热灌服。针刺玉堂穴，膘肥体壮者，可彻骨脉血。

5. 预　防

做好饲养管理工作，注意饲料的质量和调制，不饲喂粗硬、腐败及过热的饲料；做好圈舍卫生，防止受寒、过劳，增强防卫机能；在插胃管等时，应避免损伤咽部黏膜，以防本病的发生。

### （二）喉　炎

喉炎是喉黏膜及其下层组织的炎症。临床上以剧烈咳嗽，呼吸困难，喉部增温、肿胀、敏感为主要特征。

1. 病　因

气候改变，身体免疫力低下是引发喉炎的重要因素。气候突然改变，畜舍内气温降低，牛羊皮肤变冷，吸入寒冷空气或者饮用冷水，产生感冒，进而发生喉炎。此外，喉头黏膜受机械性或化学性损伤，如尘埃、异物、烟火、刺激性气体或药液等也可引起本病发生。牛羊如果患有传染性胸膜肺炎、急性卡他热等疾病，也有可能会继发喉炎。喉炎还可能由邻近器官炎症如鼻炎、咽炎、气管炎等蔓延所致。此外，粗暴投送胃管，亦可引发该病。

2. 症 状

牛羊在喉炎初期，常表现为食欲减退，精神不振，干咳且在咳嗽时触诊喉部时敏感，随着病情的加重，转变为湿而长的咳嗽，疼痛缓解，但在饮冷水、采食干料及吸入冷空气时，咳嗽加剧，甚至发生痉挛性咳嗽。病牛喉部肿胀，头颈伸展，呈吸气性呼吸困难，喉部听诊可听到大水泡音或狭窄音。鼻孔中流出浆液性或黏液脓性鼻液，下颌淋巴结急性肿胀，继发咽炎时咽下障碍，有大量混有食物的唾液随鼻液流出。病畜的喉炎如果不能得到有效治疗，就会出现精神沉郁、呼吸困难的症状，体温升高 1～1.5℃。观察病牛的眼睛，结膜发绀。

3. 诊 断

根据剧烈咳嗽，呼吸困难，咽部增温、肿胀、喉头敏感等特征性临床症状可以作出诊断。兽医卫生人员在对病畜进行疾病诊断时，要准确区分咽炎和喉炎。两种病的相似之处在于病畜都会出现咳嗽的症状，不同之处在于，咽炎主要表现为吞咽障碍，吞咽时食物和水常从两侧鼻孔流出，而喉炎以喉部肿胀为主，呼吸困难。

4. 治 疗

喉炎初期，为了缓解喉头肿胀，可采用物理疗法。首先用冰水冷敷喉部，之后用 10% 食盐水温敷，每日两次。如果症状得不到明显改善，可采用药物治疗，将 10% 樟脑酒精外敷患部或者涂复方醋酸铅散、鱼石蜡软膏等。重症喉炎可用青霉素 400 万～500 万 IU、链霉素 200 万～300 万 IU，混合 1 次肌内注射，2～3 次/d，连用 2～3 d。体温升高者配合选用 10% 复方氨基比林、30% 安乃近或柴胡注射液 30～40 mL，肌内注射。

祛痰镇咳，可内服碳酸氢钠 15～30 g，远志酊 30～40 mL，加温水 500 mL；12% 复方磺胺 -5- 甲氧嘧啶钠注射液 80 mL，一次肌内注射，2 次/d，连用 3～5 d，首次量加倍；0.25% 普鲁卡因注射液 20～30 mL，青霉素 80 万～160 万 IU，混合，在喉头周围封闭，1～2 次/d。

治疗干痛咳嗽时，除用普鲁卡因青霉素封闭外，还可用溴樟脑 4～8 g，普鲁卡因粉 2～4 g，氯霉素粉 4～6 g，甘草、远志末各 30 g，混合成软丸剂，牛一次用投丸器投服，羊用量酌减。

也可用下列中药。

方一：升麻牛白散。牛蒡子80 g，升麻30 g，公英60 g，地丁60 g，白芷30 g。水煎灌服。严重的咽炎病牛，将药物研成细末，开水冲泡后，小心灌服。

方二：硼砂180～250 g（研末），鸡蛋清7～8个，麻油500～100 mL，调匀后1次徐徐灌服；

方三：雄黄散。雄黄、白及、白蔹、龙骨、川大黄各等份。共为末，用醋或水调外敷。

方四：中成药六神丸100～200丸，凉水冲服或研成细末，吹入咽喉内。

方五：青黛7 g，冰片7 g，硼砂12 g，共研为细末，取适量用纸筒或竹筒吹入咽喉内。

方六：牛蒡子22 g，大黄24 g，元明粉33 g，连翘20 g，黄芩20 g，栀子20 g，贝母16 g，薄荷16 g，板蓝根33 g，天花粉33 g，山豆根22 g，麦冬22 g。共研为细末，鸡蛋清4个为引，开水一次冲服。羊按1/3用量。该方用于急性炎症初期。

方七：牛蒡子、山豆根、桔梗、胖大海、黄芩、黄柏各30 g，金银花、生地、元参、射干、连翘、桑白皮各24 g，甘草15 g。共研为细末，开水冲，加蜂蜜130 g，一次内服。羊按1/3用量。该方用于化脓期。

5. 预　防

参考咽炎。防止受寒、感冒，避免条件致病菌的侵害。

### （三）胸膜炎

顾名思义，胸膜炎就是指胸膜受致病因素刺激所引发的炎性疾病，病理特征为纤维蛋白沉着并积聚大量炎性渗出物。临床表现为胸部疼痛、体温升高，采用听诊器听诊胸部可以听到明显的摩擦音，胸部穿制有异常液体。

1. 病　因

胸膜炎多是支气管肺炎、大叶性肺炎、创伤性心包炎等病蔓延的结果。在某些传染病（如传染性胸膜肺炎、鼻疽、结核等）过程中，也常见有胸膜炎症状。

2. 症　状

主要症状是胸痛。不愿行动，咳嗽短、弱而痛苦，呼吸浅而速或为腹式呼吸，心跳脉数加快，中热，呆立不卧。叩诊胸壁时，易发咳嗽，并伴有疼痛症状，常向对侧躲避，病重者发哼声。叩诊呈浊音，听诊肺泡呼吸音减弱，病初可发现胸膜摩擦音，出现渗出液后即消失。后期，当胸腔积液很多时，可在肺部听诊到拍水音和明显的支气管呼吸音。叩诊肺部，浊音明显，并在一侧或两侧出现水平浊音。病畜侧卧时则浊音占据一侧胸部的全面。当胸腔积聚有大量渗出液时，穿刺时可流出淡黄色穿刺液，若穿刺液有腐臭味或为脓汁，则表明胸腔已化脓。

3. 诊　断

根据特征性临床症状可以作出诊断。

4. 治　疗

可用 10% 氯化钙溶液 120～220 mL，40% 乌洛托品溶液 60～110 mL；20% 安钠咖溶液 12～22 mL，混合，静脉注射，1 次 /d，连续 4～6 d；10% 磺胺嘧啶钠溶液 120～260 mL，5% 葡萄糖溶液 600 mL，40% 乌洛托品溶液 60～120 mL，混合，静脉滴注，或者青霉素 300 万～600 万 IU，蒸馏水 40 mL，0.5% 的氢化可得松溶液 70～110 mL，胸腔注射；如为化脓性胸膜炎，渗出液过多，且呼吸极其困难时，可进行胸腔穿刺，排除积液，后用 0.1% 雷夫诺尔（乳酸依沙吖啶溶液）反复清洗胸腔，然后注入抗生素。

中药处方如下。

方一：当归 30 g，白芍 30 g，白及 30 g，桔梗 15 g，贝母 18 g，麦冬 15 g，百合 15 g，黄芩 20 g，天花粉 24 g，滑石 30 g，木通 24 g。共为末，开水冲，一次内服。

方二：当归 35 g，贝母 23 g，滑石 36 g，白芍 35 g，天花粉 30 g，麦冬 19 g，白及 36 g，黄芩 26 g，木通 30 g，桔梗 20 g，百合 19 g，共研为末，用开水冲烫后，一次灌服。

方三：瓜蒌皮 75 g，黄芩 30 g，柴胡 36 g，牡蛎 35 g，薤白 23 g，郁金 25 g，白芍 36 g，甘草 20 g。共研为细末，开水冲调，一次灌服。

方四：赤芍 36 g，知母 35 g，当归 36 g，花粉 35 g，黄芩 52 g，白及 36 g，栀子 48 g，桔梗 36 g，百部 35 g，马兜铃 36 g，桑皮 35 g，水煎，灌服。

5. 预　防

健康的牛羊体内对于致病因素有着一定的抵抗力，因此，要从牛羊的生长发育的特点出发，采取合理的饲养方式，增强机体抵抗力。

（四）支气管炎

支气管炎是指支气管黏膜表层或深层的炎症。病畜通常出现以下症状：咳嗽、流鼻液、不定时发热。常见于老龄和幼畜。兽医研究人员根据疾病的性质和病程，将支气管炎分为两种：一是急性支气管炎，二是慢性支气管炎。

1. 病　因

急性支气管炎：医学试验表明，受寒感冒是引发急性支气管炎的主要因素。气候突变，气温降低，导致牛羊的抵抗力降低，面对肺炎球菌、巴氏杆菌等呼吸道寄生菌的侵害无法抵抗，由此引发急性支气管炎。外源性非特异性病原菌的侵害入体，急性上呼吸道感染的细菌和病毒蔓延至支气管也会引发该病。环境条件的改变，如吸入过冷的空气、粉尘等也会对支气管黏膜造成刺激而发病。

慢性支气管炎：根据病因的不同，慢性支气管炎分为原发性慢性支气管炎和继发性慢性支气管炎两种。急性支气管炎如果治疗不及时，未能及时消除致病因素，就会导致急性支气管炎反复发作，长此以往，就会逐渐转变为原发性慢性支气管炎。同时，饲养管理粗放、营养不均衡及使役不当，均有可能使急性支气管炎转变为原发性慢性支气管炎。维生素 C 和维生素 A 对于维持牛羊身体机能的正常运转起着不可估量的作用。有关研究表明，维生素 C 和维生素 A 在修复支气管黏膜上皮功能中起着重要作用，缺乏维生素 C 和维生素 A 就会使溶酶菌的活力大大降低，从而引发本病。继发性慢性支气管炎多是由心脏瓣膜病、慢性肺脏疾病、肾炎等病毒蔓延引起的。

2. 症　状

急性支气管炎：主要症状是咳嗽。初期短咳、干咳，后期则长咳、湿咳；初期鼻孔流出液性鼻漏，后期则变成黏液性或黏液脓性。胸部听诊，初期肺泡音粗糙，3 d 左右则出现啰音，叩诊则无明显变化。体温稍高，一般升高 0.5～1.0℃。呼吸稍增，脉搏稍快。食欲减退，眼结膜充血。腐败性支气管炎症，呼出的气有恶臭味，鼻孔流出污秽和有腐败臭味的鼻液，全身症状严重。

慢性支气管炎：表现为长期持续性咳嗽，尤其是运动、使役、喂食和早晚气温低时更为明显，并且多为剧烈干咳、气喘。鼻孔流血黏液性鼻涕，量少，较黏稠。胸部听诊，可听到干啰音，叩诊无变化。病程越长，病情越加重。

3. 诊　断

根据临床症状进行诊断。

4. 治　疗

对咳嗽频繁、支气管分泌物黏稠的病畜，可口服溶解性祛痰剂，可用氯化铵 10～20 g 或酒石酸锑钾 0.5～3 g，内服，1～2 次 /d。若分泌物不多，但咳嗽频繁且疼痛，可用复方樟脑酊 30～50 mL，1～2 次 /d 或复方甘草合剂 100～150 mL，内服，1～2 次 /d。为了促进炎性渗出物的排出，可用来苏儿、松节油、薄荷脑等蒸气反复吸入，也可用碳酸氢钠等无刺激性的药物进行雾化吸入。

抗菌消炎可用青霉素 40 万～80 万 IU/kg 体重，2 次 /d，连用 2～3 d。青霉素 100 万 IU，链霉素 100 万 IU，溶于 1% 普鲁卡因溶液 15～20 mL，气管内注射，1 次 /d。

中药疗法：

方一：竹叶 100 g，白茅根 150 g，炒莱菔子 200 g。共为细末，开水冲调，加入蜂蜜 250 g 为引，1 次灌服。1 次 /d。连用 3～5 d。

方二：对于慢性支气管炎，可用参胶益肺散。党参、阿胶各 60 g，黄芪 45 g，五味子 50 g，乌梅 20 g，桑皮、款冬花、川贝、桔梗、米壳各 30 g。共研末，开水冲服。

方三：葶苈子、苏子各 50 g，冬瓜子、枇杷叶、甘草各 100 g，炙苦杏仁 40 g。共为细末，开水冲调，加香油 200 mL 为引，候温灌服。1 次 /d。连用 5～7 d。[1]

5. 预　防

科学合理的饲养方式对于控制支气管炎有着积极意义。养殖场要高度重视场区的环境卫生问题，引进先进的技术设备，改善环境卫生，完善圈舍卫生机制，加强对圈舍卫生的监督管理，每天定期清理粪便及其他污染物，保持清洁卫生，注意通风透光，避免烟雾、粉尘和刺激性气体对呼吸道的影响。动物使役出汗后，应避免受寒冷和潮湿的刺激。

**（五）感　冒**

感冒是威胁牛羊健康的疾病之一，具有发病迅速的特点。感冒的临床表现是多种多样的，其中以上呼吸道黏膜炎症为主。感冒的发病率较高，一年四季都可发生，气候剧变的早春和晚秋时节更为常见，没有传染性，不会在畜禽群内蔓延。

---

[1]　王晓力，周学辉. 现代畜牧业高效养殖技术 [M]. 兰州：甘肃科学技术出版社，2016.

1. 病　因

主要由于气候变化、饲养管理不当而受寒冷刺激所引起。夏季天气炎热，气温较高，牛羊容易出汗，如果防风工作不到位，导致牛羊出汗后着风或者被雨淋就容易发生感冒。秋季昼夜温差较大，如果防寒保暖工作不到位，导致牛羊夜晚受冻，可能会引发感冒。羊毛有着保暖的功效，剪毛后天气突然变冷也会引起感冒。

2. 症　状

病畜精神沉郁，皮温不匀，低头耷耳。耳尖、鼻端、四肢末端发凉，食欲减少或废绝；鼻黏膜充血、肿胀，流浆液性鼻液，咳嗽，打喷嚏，鼻腔周围粘有鼻涕；眼结膜充血，轻度肿胀，有时流泪；咳嗽，病初流水样鼻液，后变为黏性、脓性鼻液；呼吸加快，肺泡呼吸音粗糙；体温升高达 40℃以上，反刍减弱甚至停止；鼻镜干燥，瘤胃蠕动音减弱，粪便干燥。

3. 诊　断

根据病因和咳嗽、喷嚏、流鼻涕及体温升高等临床表现，可作出诊断。

4. 治　疗

病初应给予解热镇痛药，如 30% 安乃近、复方氨基比林或复方奎宁注射液，或柴胡注射液，羊 4～6 mL，牛 20～40 mL，1 次 /d，肌内注射。

当高热不退时，应及时应用抗生素或磺胺类药物，如青霉素、链霉素，每次羊 40 万～80 万 IU，牛 160 万～240 万 IU，2～3 次 /d，肌内注射，或硫酸庆大霉素，牛 50 万～100 万 IU，羊 20 万～50 万 IU，肌内注射，2 次 /d。

中药治疗：

方一：麻黄 9 g，桂枝 9 g，荆芥 9 g，防风 8 g，葛根 8 g，柴胡 8 g，苏子 8 g。水煎取液，候温灌服，每次 60 mL，2 次 /d，羔羊用量减半。

方二：荆芥 30 g，防风 30 g，羌活 25 g，独活 25 g，柴胡 25 g，前胡 25 g，桔梗 30 g，枳壳 25 g，茯苓 45 g，川芎 15 g，甘草 15 g。水煎，候温灌服，或为末冲服，1 剂 /d，用于耳鼻俱凉，畏寒怕冷者。

方三：麻黄 30 g，桂枝 45 g，杏仁 60 g，炙甘草 20 g。水煎，候温灌服，1 剂 /d，适应证同"方二"。

方四：银花 30 g，连翘 30 g，淡豆豉 25 g，桔梗 25 g，荆芥 25 g，竹叶 30 g，

薄荷 15 g，牛蒡子 25 g，芦根 60 g，甘草 10 g。水煎，候温灌服，1 剂 /d。适用于怕冷，鼻涕黄稠，口舌干燥者。

5. 预　防

加强饲养管理，注意天气变化，做好圈舍的防寒保暖工作。冬季气温较低，为防止冷风侵袭，检查门窗是否封闭，墙壁是否结实、防风。夏季要防汗后风吹雨淋。

## 二、牛羊消化系统疾病防治技术

### （一）口　炎

口炎是口腔黏膜表层和深层组织的炎症。按其炎症性质，又可分为卡他性口炎、水疱性口炎和溃疡性口炎等。

1. 病　因

（1）卡他性口炎：是一种单纯性或红斑性口炎，即口腔黏膜表层卡他性炎症。主要是受机械性、物理化学性或有毒物质以及传染性因素所致。其中，有如粗纤维或带有芒刺的坚硬饲料、骨、铁丝或碎玻璃等各种坚硬异物导致的直接损伤，或因灌服过热的药液烫伤、霉败饲料的刺激等。

（2）水疱性口炎：即口黏膜上形成充满透明浆液的水疱。主要病因为饲养不当，采食了带有锈病菌、黑穗病菌的霉败饲料，发芽的马铃薯，以及细菌或病毒导致的感染。

（3）溃疡性口炎：为黏膜糜烂、坏死性炎症。主要病因为口腔不洁，细菌混合感染等。

2. 症　状

病羊普遍表现为食欲不振，采食量减少，口内流涎，咀嚼缓慢。不同类型的口炎，其临床症状是有差异的。如卡他性口炎患羊的临床症状主要体现在以下几方面：第一，口腔黏膜发红、肿胀，触诊口腔敏感；第二，唇内、齿龈及颊部充血、疼痛。水疱性口炎的临床症状主要表现为上下唇内有大小不等的水疱，水疱内是透明色或黄色液体。溃疡性口炎的临床症状主要表现为黏膜上出现溃疡性病灶，口内恶臭，有的羊还会出现体温升高。上述各类型可单独出现，亦可相继或交错发生。

3. 诊断及鉴别诊断

原发性单纯性口炎，根据病性和口腔黏膜炎症变化易于诊断，但要与羊痘相区别：羊痘患羊除口腔黏膜有典型的痘疹外，在乳房、眼角、头部、腹下皮肤处也有痘疹。

4. 治　疗

药物治疗是缓解疼痛、消除炎症的有效途径。轻度口炎且口腔黏膜未发生溃烂时，可使用 20% 盐水冲洗，条件允许，可使用 0.1% 雷夫诺尔液、0.1% 高锰酸钾液冲洗；口腔黏膜发生溃烂时，用 2% 明矾液冲洗；口腔黏膜有溃疡时，可用碘甘油、5% 碘酊、龙胆紫溶液、磺胺软膏、四环素软膏等涂擦患部，3～4 次 /d；继发细菌感染，体温升高时，用青霉素 40 万～80 万 IU，链霉素 100 IU，肌内注射，2 次 /d，连用 3～5 d，也可服用或注射磺胺类药物。

中药可用青黛散（青黛 9 g，黄连 6 g，薄荷 3 g，桔梗 6 g，儿茶 6 g。研为细末）或冰硼散（冰片 3 g，硼砂 9 g，青黛 12 g。研为细末），吹入羊口腔内。

5. 预　防

科学合理的饲养是预防口炎的主要方式。养殖场要借鉴欧美等发达国家先进的养殖模式和成功经验，结合本养殖场的实际情况，构建精细化养殖体系，提高饲料品质，饲喂富含维生素的柔软饲料，注重营养均衡，不喂发霉腐烂的草料。饲槽经常用 2% 的碱水消毒。

## （二）牛前胃弛缓

前胃迟缓是牛的常发病之一，受营养不良、劳役过度等因素的影响而引起的消化系统疾病。相比健康的牛，患有前胃弛缓的病牛的前胃兴奋性降低，收缩力减弱，瘤胃内容物运转缓慢，以瘤胃蠕动减慢或停止、食欲及反刍减退或消失、瘤胃有积滞的内容物、全身机能紊乱为特征。本病常见于耕牛、奶牛以及肉牛，特别是舍饲牛群更为常见。

1. 病　因

本病与饲养管理不当有直接关系。牛只的正常发育和健康生长有赖于科学的饲养方式，要求粗料和精料比例恰当，选用柔软、质量优良的饲料。本病病发时情况不一，如长期大量饲喂粗硬难消化的饲料；精料喂量过多，不能很好被消化；突然改变饲养方式和饲料品种；饲喂发霉变质的蔬菜、青贮饲料和干草；运动不足，维生素、矿物质缺乏；也可发生于严寒、酷暑、饥饿、运输、离群、恐吓、手术、剧烈疼痛等应激反应时。

2. 症　状

本病可分为急性和慢性两种类型。

急性型：多表现为急性消化不良，精神委顿，呆滞；食欲及瘤胃蠕动减弱或丧失，反刍减少或停止，瓣胃音低沉；瘤胃轻度或中度鼓胀（由应激引起的除外），内容物充满、黏硬，或呈粥状。轻者可康复，如果病牛同时患有前胃炎或酸毒症，就会使得病情急剧恶化，精神高度沉郁，食欲、反刍废绝，消化功能紊乱，排出大量棕褐色糊状恶臭粪便，严重者会出现鼻镜干燥，眼球下陷，甚至出现脱水。

慢性型：多由继发性因素引起，或由急性转变而来，体质衰弱，食欲时好时坏；虚嚼、磨牙，有异食癖；反刍不规则，无力或停止；嗳气减少带臭味；水草迟细，日渐消瘦，皮肤干燥，弹力减退，被毛逆立且干枯无光泽；瘤胃蠕动减弱或消失，轻度鼓胀，内容物停滞、稀软或黏硬；肠音微弱或低沉；便秘，粪便干硬、呈暗褐色并附有黏液；下痢，或下痢与便秘交互出现，呈现酸中毒症状；粪便腥臭，潜血反应阳性。久病不愈者多数转为肠炎、排棕色稀便。后期发生瓣胃阻塞，鼻镜龟裂，极度衰弱，不愿走动或卧地不起，胃肠音消失，脉搏加速，呼吸困难，头置于地面，体温降到正常以下，全身衰竭，病情危重。

3. 诊　断

根据病因、临床症状判定。瘤胃液的 pH 正常为 6.5～7.0，发生前胃迟缓时，该值下降至 5.5 或更低。

4. 治　疗

治疗原则为消除病因，增强神经体液调节机能，恢复病牛瘤胃的蠕动能力。根据病牛的临床症状，运用综合治疗措施，达到强脾、健胃、止泻、强心的目的。

治疗原发病。恢复神经体液调节机能，促进瘤胃蠕动。用卡巴胆碱，牛 1～2 mg，羊 0.25～0.5 mg；新斯的明，牛 10～20 mg，羊 2～4 mg；毛果芸香碱，牛 30～50 mg，羊 5～10 mg，皮下注射。妊娠母牛禁止使用该方法，以防流产，心脏衰弱的牛只也不适用于此方法，可能会引发虚脱。

防腐止酵。牛可用稀盐酸 15～30 mL，酒精 100 mL，煤酚皂溶液 10～20 mL，常水 500 mL，或用鱼石脂 15～20 g，酒精 50 mL，常水 1000 mL，一次内服，1 次

/d。病初宜用硫酸钠或硫酸镁 300～500 g，鱼石脂 10～20 g，温水 600～1000 mL，一次内服，或用液状石蜡 1000 mL，苦味酊 20～30 mL，一次内服。

促进反刍。10% 氯化钠溶液 300～500 mL，5% 氯化钙溶液 200 mL，10% 安钠咖 20 mL，一次静注。

调节瘤胃 pH，促进其消化功能。当瘤胃 pH 降低时，用氧化镁 200～400 g，配成水乳剂，用碳酸氢钠 50 g，一次内服；当瘤胃 pH 升高时，可用稀醋酸 20～40 mL，或常醋适量，内服，配成水乳剂，用碳酸氢钠 50 g，一次内服；或抽取健康牛瘤胃液 4～8 L，经口灌服接种，效果显著。

伴发瓣胃阻塞时，先内服液状石蜡 1 000 mL，同时应用新斯的明或卡巴胆碱等兴奋副交感神经的药物，促进前胃运动及其排出作用，连用数天。若不见效，则行瘤胃切开术，冲洗瓣胃进行治疗。

前胃迟缓晚期，病牛的瘤胃内残留大量积液，可能会出现脱水和自体酸中毒症状，可采取静脉注射的方式，将 500～1 000 mL 的 25% 葡萄糖注射到病牛体内；胰岛素 100～200 IU，皮下注射，或新斯的明，每次剂量为 0.02～0.06 g，隔 2～3 h 皮下注射 1 次。

中药治疗：

方一：八珍散加味。党参 100 g，白术 75 g，陈皮 40 g，茯苓 75 g，炙甘草 25 g，黄芪 50 g，当归 50 g，大枣 200 g。煎水去渣内服，每日 1 剂，连用 2～3 剂。用于病牛脾胃虚弱，水草迟细，消化不良.

方二：四君子汤加味。党参 50 g，白术 50 g，茯苓 40 g，甘草 25 g，当归 50 g，熟地 50 g，白芍 40 g，川芎 40 g，黄芪 50 g，升麻 25 g，山药 50 g，陈皮 50 g，干姜 25 g，大枣 200 g。煎水去渣内服，1 剂 /d，连用 3～5 剂。用于病牛久病虚弱，气血双亏。

方三：厚朴温中汤加味。厚朴 50 g，甘草 25 g，陈皮 50 g，茯苓 50 g，草豆蔻 40 g，广木香 25 g，干姜 40 g，桂心 40 g，苍术 40 g，当归 50 g，茴香 50 g，砂仁 25 g。煎水去渣内服，1 剂 /d，连用数剂。用于病牛口色淡白，耳鼻俱冷，口流清涎，水泻。

方四：白术（土炒）30 g，党参 30 g，黄芪 30 g，茯苓 60 g，泽泻 30 g，青皮 25 g，木香 25 g、厚朴 25 g，甘草 20 g，苍术（炒）30 g。研为细末，温水调和，灌入病牛口中，连服数剂。该方适用于慢性病例，如果病牛粪便稀薄，草料不化，该方也能起到显著的效果。

方五：党参、白术、茯苓、甘草、山药各45 g，白扁豆60 g，莲子肉30 g，薏苡仁、砂仁、桔梗各30 g。共为细末，开水冲调，候温灌服，或煎汤灌服。适应证同方一。

方六：炙黄芪90 g，党参、白术、陈皮各60 g，炙甘草45 g，升麻30 g，柴胡30 g。水煎，候温灌服。适应证同方四。

5. 预　防

做好饲养管理工作，参考优秀养殖场的饲养方法，根据不同年龄、性别的牛只生长发育特点，合理调配日粮，注意饲料的质量和调制，确保营养均衡；严禁饲喂发霉变质、冰冻等质量不良的饲料；不突然变换饲料；加强运动，合理使役；保持安静，避免应激。

### （三）羊急性瘤胃臌气

羊急性瘤胃臌气是因羊采食了容易发酵的饲料，在体内异常发酵，产生大量气体，引起瘤胃急剧臌胀的一种疾病。多发生于春末夏初放牧的羊群。

1. 病　因

有关资料表明，大量采食容易发酵的饲料是引发羊急性瘤胃臌气的主要原因。幼嫩的豆苗、麦草、紫花苜蓿等都属于容易发酵的饲料，羊只适量采食这些饲料不会产生不利影响，一旦过量，就会产生大量气体，进而引发本病。白菜叶、红萝卜是养殖场饲养羊群的主要饲料，过多采食这些饲料也可引发本病。羊只正常的生长发育离不开精料，可是过多的精料就会引发本病。优质的饲料是羊只健康成长的保障，采食霜冻或霉败变质的饲料也会引发本病。秋季绵羊容易发生肠毒血症，如果治疗不及时，也会出现急性瘤胃臌气。另外，食道阻塞、食道麻痹、前胃弛缓等疾病的蔓延也会继发本病。

2. 症状及病变

该病具有发病迅速的特点，初期病羊出现如下临床症状：表现不安，回顾腹部，拱背伸腰、呻吟。随着病情的加重，反刍减少或停止，食欲减退，腹围膨大。兽医护理卫生人员触诊时腹部紧张性增加，叩击腹部呈鼓音，使用听诊器可听到瘤胃蠕动音最开始增强，后逐渐减弱或消失。严重者张口呼吸，如果未能及时采取有效治疗，羊只会出现虚弱无力，站立不稳，甚至会昏迷倒地，有的羊会出现全身痉挛，乃至死亡。

3. 诊　断

本病病情急剧，采食大量易发酵饲料发病时，腹部膨胀，左肷窝突出，呼吸极度困难，不难确诊。在临诊时，应注意与前胃弛缓、瘤胃积食、创伤性网胃腹膜炎、食管阻塞白苏中毒和破伤风等疾病进行鉴别。

4. 治　疗

应以胃管放气、止酵防腐、清理胃肠为治疗原则。

（1）对初发病例或病情较轻者，灌服来苏儿 2.5 mL 或福尔马林 1～3 mL。

（2）石蜡油 100 mL、鱼石脂 2 g、酒精 10 mL，加水适量，一次灌服。

（3）氧化镁 30 g，加水 300 mL，灌服。

（4）大蒜 200 g 捣碎后加食用油 150 mL，一次灌服。

（5）中药疗法。干姜 6 g，陈皮 9 g，香附 9 g，肉豆蔻 3 g，砂仁 3 g，木香 3 g，神曲 6 g，莱菔子 3 g，麦芽 6 g，山楂 6 g。水煎去渣，灌服。

5. 预　防

做好饲养管理工作，注意饲料的质量和调制，防止羊只采食过多的豆科牧草，不饲喂霉烂、腐败或易发酵的饲料，少喂食难以消化和易引起臌胀的饲料。

**（四）绵羊肠套叠**

肠结节虫寄生肠管、羊只无规律运动、突然奔跑以及胎儿压迫等均可引起肠管套叠。该病一年四季均有发病，以 3—5 月份和 9—11 月份发病较多。放牧期羊群发病率高，舍饲期间发病率较低。

1. 病　因

羊肠套叠形成的原因较复杂，主要有以下几种。

自然界中有着大量的寄生虫，食道口线虫寄生在羊只的肠壁中，形成坚硬的结节，肠结节虫造成了肠道系统紊乱，导致肠管无法正常运动。由于结节的障碍，致使套入的一段肠管无法恢复原状，形成套叠性肠梗阻。

病羊为了缓解腹部疼痛一直努责，这就导致前段肠管不断涌入被套进的肠腔内，随着病情的加重，套入肠腔内肠管越来越多，套叠也就越发严重，有的病羊套入肠腔内肠管达到了 60～100 cm。

2. 症　状

（1）初期：食欲大减甚至废绝，口色发青，口腔腻涩，舌苔发白，眼结膜瘀血。脉搏 80～120 次 /min。病羊伸腰曲背，不论站立或爬卧时间多长，再起立时均可见伸腰曲背表现。病羊腹部胀大，反刍停止，多数瘤胃蠕动音少而弱，肠音呈半途性中断。有时排粪少许，粪便坚硬，呈小颗粒状。触诊右腹部有敏感而明显的压痛感，腹壁较紧张，可摸到痛快，即套叠部分。

（2）中期：病羊表现苦闷，时发呻吟声，常常呆立，不愿卧下行走。有时用后蹄踢腹部。如强行运动，则表现剧烈腹痛，爬卧地上。有时可见由肛门排出少量脓样铁锈色黏液。听诊时，胃蠕动很弱，每分钟为 3～4 次，结肠与小肠有半途性中断音。

（3）末期：肠内气体增多，腹部臌气，胃肠无蠕动音。呼吸浅表，呻吟加剧，精神萎靡。体温一般均正常，有时有升高现象。卧多立少，饮食废绝，磨牙，眼嗜眠状，体质极度衰竭而死亡。

3. 诊　断

与其他肠变位的腹痛相类似，鉴别诊断较难。可根据腹痛发作时的背部下沉，排出的黏液样或松柏油样粪便，结合直肠检查作出初步诊断。必要时可做剖腹探查，但探查时应注意，可能不止一处肠管发生套叠。

4. 治　疗

争取前期施行手术治疗。事先准备好手术用常规器械、药品（药液）及辅料；术者手臂常规消毒。

手术前，将病羊左侧置于手术台上，为了便于手术，将羊的左右肢与前两肢交错绑在一起，由助手拉紧压好右后肢，头部与前躯由另一助手压好。选定右肷部为预定手术区，用剪刀将术部的毛剪去并用消毒液消毒，盖上手术创布并固定。采用皮下注射方式对病羊进行局部麻醉，常用的药物为普鲁卡因和肾上腺素注射液，其中，2% 普鲁卡因的剂量为 14～16 mL，肾上腺素注射液的剂量为 2 mL。

局部麻醉后，并不能马上手术，需要等待羊只失去意识，大约为 5 分。手术的流程如下：首先，切开皮肤 8～12 cm，彻底止血；然后，钝性分离各肌层，小心剪开腹膜；用右手伸入腹腔，可摸到如香肠一样的套叠肠管，小心地拉出创口、观察判断套入肠管是否坏死，如肠管并无坏死情况，可顺着套叠部反向牵拉肠系膜，或者紧握套叠肠管挤压出套入的肠管，如无法牵出肠管，或已经坏死，应截去套叠部分，施行肠吻合术，最后将肠管还纳入腹腔内。

在伤口缝合前，还应做好消毒工作，具体操作如下：第一，在还纳肠管前，需要在吻合口周围喷洒青霉素和链霉素混合液。第二，向腹腔内注入青霉素 120 万～160 万 IU，链霉素，樟脑油 8～10 mL。上述消毒工作完成后，方可缝合伤口，要按照操作规范，由里到外，分层缝合。需要注意的是，每缝好一层可在该层喷洒适量的青霉素和链霉素混合液，以防止伤口感染。最后伤口常规处理，外盖纱布包扎好。冬季气温较低，创口恢复缓慢，应在创口周围加棉花保温。

做好术后护理工作，为了使羊只尽快恢复健康，可进行强心补液，采用皮下注射的方式注射青霉素或链霉素，若条件允许，可注射磺胺类药物，以 3～5 d 为宜。养殖人员要每天检查创口，发现伤口感染化脓时要及时进行消毒，保持羊圈的清洁卫生，防止粪尿等异物污染创口。将病牛置于病畜隔离区，每天及时清理粪尿及其他污染物，保持圈舍的干燥清洁。加强饲养管理，注意饲料的质量，确保粗精料比例合理，供给柔软、易消化的饲料，让其自由采食。

### （五）羔羊消化不良

本病常见于初生羔羊，是其在哺乳期的常发疾病。判断初生羔羊是否患有羔羊消化不良的诊断标准有两个：一是出生羔羊是否有明显的消化功能障碍，二是初生羔羊是否出现了不同程度的腹泻。兽医卫生人员基于不同的研究角度将该病划分为不同的类型，其中，应用较为广泛的是以临床症状和疾病经过作为划分标准，将该病分为单纯性消化不良和中毒性消化不良两种。

1.病　因

有关资料表明，患有羔羊消化不良的病羊最小日龄为出生后吮食初乳不久，有的病羊在出生后 1～2 d 后发病，随着月龄的增长，2～3 月龄以后逐渐减少。由此可知，羔羊消化不良的发生受以下因素的影响：一是羔羊在胎儿发育期的条件，这是先天因素，因为妊娠母羊未得到科学的饲养导致胎儿在母体内无法正常发育；二是外界环境条件，这是后天因素，包括未根据哺乳母羊和出生羔羊的生理特点安排科学的饲料以及卫生条件不良。中毒性消化不良的病因包括以下方面：养殖人员对于单纯性消化不良的病症表现重视不足，未及时采取有效的治疗致肠内发酵、腐败产物所形成的有毒物质被吸收，或是微生物及其毒素的作用而引发机体中毒的结果；此外，遗传因素和应激因素也有一定影响。

2. 症状及病变

（1）单纯性消化不良。主要表现为消化与营养的急性障碍和轻微的全身症状，初期病羊神情沉郁，食欲不振，吮吸乳汁的次数较少甚至不吮吸，被毛蓬乱，喜欢长时间静卧。观察眼睛，可见黏膜稍见发紫。随着病情的恶化，频频排出粥状或水样稀便，每天达十余次，粪便呈暗黄色，有酸臭味。有的病羊的粪便中含有胆红素，呈绿色。

如果治疗不及时，羔羊可能会因频繁排便而出现脱水现象，同时由于消化系统不健全，营养物质未经吸收即被排出，相比健康羔羊，病羊更加的瘦弱。

（2）中毒性消化不良。主要呈现严重的消化障碍和营养不良、明显的中毒等全身症状。初期病羊精神萎靡，食欲减退，吮吸乳汁次数减少，被毛粗乱，皮肤缺乏弹性。观察眼睛，可见黏膜呈苍白色，有的带有淡黄色。羔羊喜欢长时间静卧，鼻镜及四肢发凉。随着病情的恶化，后期可发生轻瘫，如果治疗不及时，甚至可能形成瘫痪。粪便呈水样灰色，有时呈绿色，并带有黏液和血液，恶臭。

病理变化：剖检时可见消化不良羔羊的尸体消瘦，皮肤干燥，被毛蓬松，眼球深陷，尾根及肛门部位湿润，且被粪便污染。实质器官可见脂肪变性，肝脏轻度肿胀、变性且脆弱，心肌弛缓，心内、外膜有出血点，脾脏及肠系膜淋巴结肿胀。

3. 诊　　断

主要根据病史、临床症状、剖检变化以及病羊肠道微生物群系的检查进行诊断。

此外，对哺乳母羊的乳汁，特别是初乳进行检验分析（可消化蛋白、脂肪、酸度等），有助于本病的诊断。

必要时，应对患病羊进行血液化验和粪便检查，所得结果可作为综合诊断的参考。

4. 治　　疗

首先应将患病羔羊置于干燥、温暖、清洁、单独的羊舍内。禁乳 8～10 h，此时可饮以生理盐水酸水溶液（氯化钠 5 g，33% 盐酸 1 mL，凉开水 1 000 mL）或饮温茶水 100～150 mL，每天 3 次。

肠道感染是中毒性消化不良羔羊的常见症状，容易造成肠道功能紊乱，对羔羊的正常发育造成不利影响。医学试验表明，抗生素是防止肠道感染的有效途径。链霉素 0.1～0.2 g，混水或牛乳灌服；氯霉素 0.25 g，2 次 /d，内服；新霉素 0.5～1 g/kg 体重，3～4 次 /d，内服；卡那霉素，0.005～0.01 g/kg 体重，内服。

呋喃类和磺胺类药物中，呋喃唑酮（痢特灵）0.02～0.05 g，2 次 /d，内服；磺胺脒，首次量 0.25～0.5 g，维持量 0.1～0.2 g，2～3 次 /d，内服。磺胺嘧啶，甲氧苄胺嘧啶复合剂（TMP-SD）、甲氧苄胺嘧啶与磺胺甲基异噁唑合剂（TMP-SMZ），内服。

为防止肠内腐败，除应用磺胺类药和抗生素外，也可适当选用乳酸、鱼石脂、克辽林等防腐止酵药物。对持续腹泻不止的羔羊，可应用明矾、碱式硝酸铋、矽碳银或内服中药，即党参 30 g，白术 30 g，陈皮 15 g，枳壳 15 g，苍术 15 g，防风 30 g，地榆 15 g，白头翁 15 g，五味子 15 g，荆芥 30 g，木香 15 g，苏叶 30 g，干姜 15 g，甘草 15 g。加水 1 000 mL，煎 30 min，然后再加开水至总量为 1 000 mL，每只羔羊 30 mL，1 次 /d，用胃管灌服。

5. 预　防

羔羊消化不良的预防措施，主要是加强饲养管理，加强护理，注意卫生。

（1）加强妊娠母羊的饲养管理。根据妊娠母羊不同的妊娠阶段采取相应的饲养管理，注意向母羊提供优质、柔软的饲料，保证营养均衡。妊娠后期，母羊对于矿物质和蛋白质的需求量增大，要及时补充富含矿物质和蛋白质的优质饲料，确保营养物质的供应量。妊娠母羊后期对于维生素的需求量会同样加大，而胡萝卜中有着丰富的维生素，应饲喂适量的胡萝卜。条件允许，可在分娩前两个月，以肌内注射的方式为妊娠母羊注射维生素 A 和维生素 D，每 5 天 1 次。微量元素也是促进母羊和胎儿健康生长中不可或缺的物质，应适量补给微量元素。改善妊娠母羊的卫生条件，定期清理圈舍的粪便，经常擦拭皮肤和乳房，保证乳房清洁。母羊的健康生长还要保证充足的运动，应每天带母羊去运动场活动，以 2～3 h 为宜，不得少于 2 h。

（2）注意对羔羊的护理。新生羔羊要尽早吃到初乳，最好能在生后 1 h 内吃到初乳。针对不同体质的羔羊，采取不同的饲养措施，体质较弱的羔羊吮吸能力不足，无法在母羊处获取足够的营养，应加强对体质较弱羔羊的护理，发现其初乳吮吸不足时，可采用人工饲喂的方式，少量多次。母乳是在哺乳期内必需的营养，当母乳不足或质量不佳时，采用人工饲喂，定时定量饲养羔羊。羔羊的正常发育离不开干燥卫生的圈舍，根据气候条件，及时调节舍温，确保羊舍温暖，防止羔羊受寒感冒。每天及时清理羊舍内的粪尿，确保羊舍清洁，定期对羊舍内的围栏、饲具进行严格消毒。

# 第四节　牛羊主要产科疾病防控技术

## 一、胎衣不下

胎衣不下又称胎衣停滞，是指牛、羊分娩后，不能在正常时间内将胎衣完全排出体外的一种疾病。正常情况下，牛排出胎衣的时间为 4～6 h（不超过 12 h），绵羊为 3.5（2～6）h，山羊 2.5（1～5）h。

### （一）病　因

由于日粮中钙、磷、镁的比例不当，运动不足，过瘦或过胖均会使母畜虚弱和子宫弛缓；羊水过多，胎儿过大等使子宫高度扩张而继发子宫收缩无力；微生物感染引起子宫或胎膜的炎症使胎儿胎盘与母体胎盘粘连而造成胎衣滞留。有时胎衣虽已脱落，但因子宫颈过早闭锁或子宫角套叠也可能导致胎衣排不出来。缺硒、子宫炎、布鲁氏杆菌病、结核病等也可致病。

### （二）症　状

胎衣停滞分为全部停滞与部分胎衣不下两种。一般从阴门外可见下垂的呈带状的胎膜，多为尿膜、羊膜及脐带，呈淡红色，也常有露出尿膜、绒毛膜的一部分，呈土红色，其表面有大小不等的胎儿子叶。有时母畜的胎膜全部滞留于子宫内，阴道内诊，才能发现子宫内有胎膜。病畜表现拱背，频频努责，有时由于努责剧烈，可引起子宫脱出。如果滞留时间过长，超过 24 h，则滞留的胎衣发生腐败分解，腐败的胎衣碎片随恶露排出。

### （三）诊　断

部分胎衣脱垂于阴门外，病牛表现拱腰、努责，从阴门排出带有胎衣碎片的恶露。

### （四）治　疗

基本治疗原则为加速子宫收缩，促进胎儿胎盘和母体分离，防止胎衣腐败，预防子宫内膜炎。

（1）增强子宫收缩，促进胎衣排出。10% 氯化钠溶液 250～300 mL，25% 安钠咖 10～15 mL，产后 24 h 内 1 次静脉注射。皮下或肌内注射垂体后叶素 50～100 IU，2 h 后可重复一次，最好在产后 8～12 h 注射，以促进子宫收缩，排出胎衣。注射剂也可以为催产素 10 ml（100 IU）、麦角新碱 6～10 mg、甲基硫酸新斯的明 10 mg。促进子宫收缩的药物遵循尽早注射的原则，产后 24 h 之内效果最佳，如果分娩超过 24 h，药物注射的效果就会大打折扣。分娩超过 24 h 后，可向子宫内 1 次注入 10% 氯化钠 1 500～2 000 mL，使胎衣因脱水收缩而易于排出。

（2）促进胎儿胎盘和母体分离。子宫内 1 次注入 10% 氯化钠溶液 1 000～1 500 mL 或将精制氯化钠 10%～20% 溶液 1 000～1 500 mL，胰蛋白酶 5～10 g，氯已定 2～3 g 混合溶解后，用乳胶管经子宫颈灌注在胎衣与子宫壁之间，待 45 min 左右，肌内注射新斯的明 2～3 mL，注射 1～2 h 之后胎衣可自行排出。

（3）中药治疗

①益母草 500 g、车前子 200 g，水煎取汁或共为末，加酒 100 mL 灌服。

②生化汤：当归 100 g，川芎 45 g，桃仁 30 g，炮姜 30 g，甘草 20 g。

③祛衣散：当归 100 g，牛膝 100 g，瞿麦 100 g，土黄 50 g，滑石 100 g，没药 50 g，木通 50 g，血竭 50 g，海金沙 100 g，大戟 50 g，穿山甲 50 g。

④参灵汤：党参 100 g，五灵脂 50 g，生蒲黄 50 g，当归 100 g，川芎 50 g，益母草 100 g。

病羊在分娩后 24 h 内，可用垂体后叶素注射液、催产素注射液或麦角碱注射液 0.8～1 mL，一次肌内注射。

### （五）预　防

可根据实际情况和条件选用以下方法。

（1）加强饲养管理。医学试验表明，充足的维生素对于促进牛羊正常分娩有着积极意义。要结合母畜的生长发育特点，提供优质且营养丰富的饲草料，适当增加富含维生素的饲料，合理调配饲料，不饲喂霉变的饲草料，保证母畜有足够的运动时间。舍饲奶牛在干奶期每天要驱赶运动，使奶牛保持良好的体况。

（2）产后注射垂体后叶素 50～100 IU 或催产素 50 IU，采用皮下或肌内注射。

## 二、乳腺炎

乳腺炎是指由于乳房受到机械的、物理的、化学的和生物学的因素作用而引起的炎症过程。按照症状和乳汁的变化，可分为临床型与隐性型两种。该病对奶牛业危害极大。

### （一）病　因

饲养管理不当，如挤奶技术不熟练，造成乳头管黏膜损伤，挤奶前未清洗乳房、挤奶人员手不干净以及其他污物污染乳头等；病原微生物的感染，如大肠杆菌、葡萄球菌、链球菌、结核杆菌等通过乳头管侵入乳房而引起的感染；机械性的损伤，如乳房受到打击、冲撞、挤压或幼畜咬伤乳头等机械作用而引起的损伤都可成为诱因。另外，本病常继发于子宫内膜炎及其他感染性疾病。

### （二）症　状

临床型乳腺炎：一般多呈急性经过，乳腺患部呈现红、肿、热、痛，乳房淋巴结肿大，乳汁排出不通畅，泌乳量减少或停止，乳汁稀薄，内含凝乳块或絮状物，有的混有血液、脓汁或絮状物，呈淡红色或黄褐色。严重时，除上述局部症状外，还伴有食欲降低、精神不振和体温升高等全身症状。隐性型乳腺炎：一般临床症状不明显，乳汁中无肉眼可见的异常变化，只有检查乳汁才能被发现，乳汁中的白细胞和病原菌的数量增加。如图 4-4-1，为羊乳腺炎。

图 4-4-1　羊乳腺炎

### （三）诊　断

（1）临床型乳腺炎诊断：奶牛乳房出现发热、疼痛、肿胀、发红或乳汁不正常时，即诊断为临床型乳腺炎。

（2）急性乳腺炎检测：临床检查乳汁未见异常，可进行以下测定：

①测定乳中的体细胞数，乳汁中体细胞数在 20 万 /mL 以上。

②进行加利福尼亚乳腺炎试验（CMT）或兰州乳腺炎试验（LMT）等帮助诊断。

### （四）治　疗

治疗原则：消灭病原微生物，消除炎症，改善全身状况，防止败血症，恢复乳腺机能。

（1）乳房内注入抗菌药物或专用制剂。注射之前要做好消毒工作，兽医卫生人员严格按照操作规程，术前对手、乳导管、乳头进行严格消毒，将乳房内残留的乳汁、脓汁挤出。如有脓汁而不易挤出时，可先用 2%～3% 苏打水使其"水化"后再挤。每挤完一次后立即注药一次，注药后，可轻轻捏一下乳头，防止漏出。

（2）复方蒲公英汤。蒲公英 150 g，金银花 100 g，黄芩 100 g，板蓝根 100 g，当归 100 g，丹参 150 g。水煎取汁，灌服。

（3）局部辅助治疗：当归 50 g，蒲公英 50 g，紫花地丁 50 g，连翘 50 g，鱼腥草 50 g，荆芥 50 g，川芎 50 g，薄荷 50 g，大黄 50 g，红花 50 g，苍术 50 g，通草 50 g，甘草 50 g，穿山甲 50 g，大茴香 50 g。加水，每次加食醋 1 kg，煎汤至 800 mL，局部温敷，1 剂煎 6 次，每次温敷 30～40 min，可抗炎、消肿。鱼石脂软膏涂擦患部，可促进血液循环，消除肿痛。

### （五）预　防

平衡饲料营养，保持奶牛有良好的体况。

运动场、牛舍、牛床应清洁干燥，定期消毒，牛床应有干净垫料保证乳头清洁。北方地区冬季注意保温，南方地区夏天注意降温。

对挤奶设备及时进行调试、保养和维修，保证节拍正常，性能完好。奶杯在挤完 1 200 次后必须换掉，挤奶器在每次使用完毕后，按照要求和程序清洗和消毒。

挤奶人员要固定，且身体健康，每次挤奶前要用消毒液洗手。

健康牛和乳腺炎患牛分别挤奶，先挤健康牛，乳腺炎患牛后用手挤，避免病菌污染挤奶器而将病传染给其他牛。

挤奶前将牛体特别是后躯擦拭干净。挤奶前先用含有效消毒液的水（如 25～75 mg/L 碘）彻底清洗乳房，再以 50℃的温水用干净毛巾清洗乳房，洗后一定要擦干，水要勤换，毛巾用后要煮沸消毒。有条件的在机器挤奶前，用含有消毒剂的水清洗乳头（只清洗乳头），然后 1 牛 1 纸巾，将乳头吸干，纸巾用后扔掉。避免机器空挤和奶未挤尽。

坚持乳头药浴，恰当使用大约能减少 50%～90% 的乳腺炎发病率，选用高效、安全的药浴液，机器挤奶也应进行乳头药浴，于挤完奶 1 min 内进行，半个乳头浸入药液。干奶牛在干奶后的前 10 d 每天进行一次乳头药浴，临产牛从预产期前 10 d 开始乳头药浴。每次使用后的药浴液应倒掉，下次都应使用新的。

选用有效的疫苗进行免疫预防。淘汰反复发作、治疗效果不明显的慢性乳腺炎患牛。散放牛舍里的牛应去角。

### 三、子宫内膜炎

子宫内膜炎是子宫内膜受病原微生物感染而发生的炎症。

#### （一）病　因

学术界普遍认为，子宫内膜炎的产生由以下两种原因。

（1）奶牛本身的身体状况。流产、早产、难产、产双胎、胎衣不下、产道损伤、子宫脱、阴道脱、产后瘫痪、产后乳腺炎、严重的酮病、子宫弛缓、产后卵巢功能恢复过晚等。

（2）饲养管理不当。奶牛的正常发育有赖于良好的环境，养殖场如果没有意识到环境对于牛羊健康的重要意义，环境卫生差，消毒效果不理想就会滋生大量病原菌，从而引发子宫内膜炎。

#### （二）症　状

急性子宫内膜炎：病牛精神不振，食欲减退，采食量减少，泌乳量降低，拱背努责，常做排尿姿势，阴道内排出大量黏液，有恶臭，卧地时流出的量更多，随着病情的恶化，体温升高，精神沉郁，反刍减少。直肠检查，可触度一个或两个子宫角变大，收缩反应减弱，有时有波动。阴道检查可见子宫颈外口充血肿胀。

慢性子宫内膜炎：又分为慢性脓性子宫内膜炎、慢性卡他性脓性子宫内膜炎和卡他性子宫内膜炎，母牛一般不表现全身症状，只有少数脓性子宫内膜炎会出现轻度的精神不振、食欲减少和前胃弛缓。

#### （三）诊　断

急性或慢性子宫内膜炎的诊断并不困难，通过病史以及分泌物、阴道、直肠检查进行综合分析，即可确诊。

#### （四）治　疗

（1）急性子宫内膜炎治疗原则：控制并消除感染，防止感染扩散；清除子宫内容物，促进子宫收缩；对症治疗，消除全身症状。

①首先应向子宫投放抗炎药物，首选药物为土霉素粉，3 g/d，或 1 000 万 IU 青霉素钠，溶于 250 mL 生理盐水中投入子宫，连用 3 d。

需要注意的是，在向子宫投放药物时应尽量避免冲洗子宫，特别是病牛伴有全身症状时，严禁冲击子宫，这是因为患有急性子宫内膜炎的病牛子宫黏膜已经损坏，如果冲洗子宫就会导致子宫黏膜感染的病毒扩散，从而使得病情加重。要根据病牛的状况，谨慎选择投放药物，避免使用碘、醋酸氯已定等具有强烈刺激性的化学药物。条件许可的情况下，在治疗之前要进行阴道检查，并轻轻按摩阴道以帮助子宫内容物的排出。如果母牛产后 3 d，胎衣仍不能正常排出体外，应设法将胎衣取出。

②有全身症状的患牛，同时也应该全身使用抗菌药。静脉注射土霉素 13.2～15.4 mg/kg 体重，1～2 次 /d，或肌内注射普鲁卡因青霉素 G 22 000 IU/kg 体重，1～2 次 /d，或头孢噻呋 2.2 mg/kg 体重，1 次 /d，或氨苄西林 11～22 mg/kg 体重，1～2 次 /d，或庆大霉素 4.4 mg/kg 体重，2～3 次 /d。

（2）慢性子宫内膜炎治疗原则：抗菌消炎；促进子宫收缩，促使炎性分泌物排出；改善子宫局部血液循环，促进组织修复和子宫机能恢复。一般采用子宫局部用药，如出现发热等全身症状，应配合全身抗生素疗法。

①清宫液：医学试验证明，清宫液对于各种类型的子宫内膜炎都有着较好的治疗效果，特别对于严重的脓性子宫内膜炎，治疗效果更为显著。有研究人员做过这样的试验，两头患有严重的脓性子宫内膜炎的病牛，一头使用清宫液，另一头使用其他药物，结果发现，使用清宫液的病牛比使用其他药物的病牛恢复时间更快，由此可知，清宫液的疗效优于其他药物。使用方法为子宫灌注，每次 100 mL，隔日 1 次，3～4 次为 1 疗程，一般治疗一个疗程即愈。

②清宫液 2 号：清宫液 2 号是研究人员从中药中提取有效成分而研制的纯中药制剂，对各种类型的子宫内膜炎都有着显著的效果。使用方法为子宫灌注，每次 100 mL，隔日 1 次，3～4 次为 1 疗程，一般治疗一个疗程即愈。

**（五）预　防**

（1）加强饲养管理

干燥清洁的圈舍环境是保证母牛健康生长的必要条件，应每天清理圈舍，定期消毒，保持圈舍的干燥卫生。有关资料显示，微量元素硒和锌对于维持母牛的健康生长，增强免疫力有着积极意义，要注意饲料的质量，结合母牛的生长发育特点，适量增加富含微量元素和维生素的饲草料。

（2）控制产后感染

①母牛在生产时，对于分娩环境有着较高的要求，要做好防寒保暖工作，及时清理粪尿等污染物，确保分娩环境的清洁、温暖。

②做好消毒工作，为防止产后感染，在母牛分娩前应擦拭皮肤，对后躯、外阴等处消毒。

③一般情况下，母牛自己可以分娩，养殖场提供适宜的分娩环境即可，不应过多打扰，也不需要使用药物助产。对于母牛的分娩给予高度的关注，当发生难产时要给予助产。助产时应做好消毒工作，对助产者的手臂和助产器械进行严格彻底的消毒。

④当发现母牛的胎衣无法正常排出体外时，应采取相应的治疗手段给予治疗。

⑤分娩后，可能会发生产后恶露异常，应及时治疗。

## 四、卵巢静止

卵巢静止，是指母牛由于卵巢机能减弱或受到其他干扰，使卵巢长期处于休情状态而不发情的现象。

### （一）病　因

主要是母牛脑下垂体前叶活动受到抑制，促性腺激素分泌不足，也有饲料单纯，蛋白质、微量元素缺乏，冬春季节气候多变等外因。

卵巢处于静止状态，不出现周期性活动（不发情），如果长时间处于这种状态，可引起组织萎缩和硬化，即卵巢萎缩。

### （二）症　状

母牛长时间不发情，直肠检查时在卵巢上摸不到卵泡或黄体，卵巢表面光滑，卵巢变小，质地发生变化。卵巢萎缩时，卵巢往往变硬，体积显著缩小，如豌豆或枣核大。

### （三）诊　断

根据症状、直检及1周左右卵巢体积未发生变化等情况，可作出诊断。

### （四）治　疗

药物治疗是帮助母牛恢复卵巢功能的主要手段，常用的药物有促卵泡激素、孕马血清、人绒毛膜促性腺激素等。

（1）促卵泡激素（FSH）。采用肌内注射的方式，每次的剂量为 100～200 IU，根据病牛的具体情况，每日使用或者隔日使用，一般使用 2～3 次就可出现显著效果。需要注意的是，每次注射之后一定要认真检查，如果母牛未出现发情征象，表明效果并不明显，可再次使用，直至出现发情征象为止。

（2）孕马血清（PMS）。采用肌内注射的方式，每次的剂量为 1 000～2 000 IU，在注射后要仔细观察，如果没有效果可重复注射。过量的孕马血清会引发过敏反应，应注意注射剂量。

（3）人绒毛膜促性腺激素（HCG）。有两种使用方式，一是静脉注射，剂量为 2 500～5000 IU；二是肌内注射，剂量为 10 000～20 000 IU。

另外，还可以用促性腺激素（GTN）黄体酮、促黄体释放激素（LRH-A3），配合按摩子宫体和卵巢。

# 第五节　牛羊主要营养代谢性疾病及外科疾病防控技术

## 一、牛羊主要营养代谢性疾病防治技术

### （一）佝偻病

佝偻病是羔羊、犊牛因维生素 D 缺乏及钙、磷代谢障碍所致的骨营养不良性疾病。临床特征是消化紊乱、异嗜癖、跛行及骨骼变形。

1. 病　因

主要是由于饲料中维生素 D 的含量不足或日光照射不足，导致幼畜体内维生素 D 缺乏，直接影响钙、磷的吸收和血内钙、磷的平衡。此外，即使维生素 D 能满足其营养需要，但母乳及饲料中钙、磷的比例不当或缺乏，或其他多原因的营养不良均可诱发本病。

2. 症状及病变

本病早期的症状主要体现在以下方面：家畜精神萎靡，食欲不振，消化不良，采食量减少，不愿起立，很少运动，喜欢长时间静卧。随着病情的恶化，发育迟缓，身体瘦弱，出牙期滞后于健康家畜，齿形不规则，排列不整齐，齿面易磨损。病情严重的羔羊，口腔不能闭合，吞咽困难，如果不能得到有效的治疗，后期将会出现面骨、躯干、四肢等骨骼变形等症状，甚至引发呼吸困难、贫血。

观察患病幼畜的四肢，前腕关节屈曲，后肢跗关节内收，呈"八"字形叉开站立，运动时步态僵硬，肢关节增大。佝偻病的病程约为1～3个月，治愈率较高。如果冬季耐过后，改进饲养方法，适量补充富含维生素 A 和维生素 D 的饲草料，驱赶畜禽参加户外活动，保证充足的太阳辐射，就可以恢复。如果养殖人员不能意识到佝偻病对于畜禽健康生长的危害，不采取相应的应对方法，就会使得畜禽的抵抗力不断下降，继发褥疮、败血症等，甚至导致死亡。如图 4-5-1 所示，为患佝偻病的羊。

图 4-5-1　患佝偻病的羊

临床病理学检查，血清碱性磷酸酶活性往往明显升高，但血清钙、磷水平则视致病因子而定，如由于磷或维生素 D 缺乏，血清磷水平将在正常低限时的 3mg% 水平以下。血清钙水平将在最后阶段才会降低。剖检可见长骨发生变形，但无显著眼观病变。在显微镜下检查，股骨、胫骨末端及肋骨发现骨骺板和关节软骨撕裂。

3. 诊 断

根据动物年龄、饲养管理条件、慢性经过、生长迟缓、异嗜癖、运动困难以及牙齿和骨骼变化等特征，不难做出诊断。血清钙、磷水平及碱性磷酸酶活性的变化，也有参考意义。诊断时应与白肌病、传染性关节炎、蹄叶炎、软骨病及"弓形腿病"相鉴别。如果骨骺板下方的结缔组织增生，应属于钙缺乏的软骨病，而不是磷缺乏引起的软骨病。

4. 治 疗

维生素 $D_2$ 胶性钙 5 000～20 000 IU，肌内或皮下注射，每周 1 次，连用 3 次；精制鱼肝油 3～4 mL，肌内注射。补钙可使用 10% 葡萄糖酸钙注射液 5～10 mL，1 次静脉注射。

中药可喂服三仙蛋壳粉：焦山楂、神曲、麦芽各 60g，蛋壳粉（经烘干后为末）120 g，混合，每只羊 12 g/d，灌服，连用 1 周。

5. 预 防

佝偻病的形成受两方面因素的影响：一是先天因素，即妊娠母牛、母羊的营养不均衡会影响羔羊、犊牛在母体内的健康发育，因此要加强怀孕母畜的饲养管理，提供优质的饲草料，适量增加骨粉，粗料和精料的比例均衡，加强运动，增加日照时间；二是后天因素，即养殖场是否具有适宜羔羊、犊牛生长发育的环境。有关研究表明，科学的饲养方式有助于降低佝偻病的发生率，可结合羔羊、犊牛的体质，提供优质且多汁的青绿饲料，适量增加食盐、骨粉及各种微量元素等矿物质饲料。

## （二）食毛症

食毛症多见于舍饲的羔羊及犊牛，发病时间以冬季居多。过多食用毛球，不仅会影响消化，严重时可能因毛球阻塞肠道形成肠梗阻而死亡。

1. 病 因

营养物质代谢障碍是导致本病发生的主要原因。母畜和幼畜的健康生长有赖于适量的矿物质和维生素，如果饲草料营养不均衡，特别是钙、磷的缺乏，就可能产生矿物质代谢障碍。幼畜在哺乳期中毛的生长速度特别快，需要大量含硫丰富的蛋白质，否则会引起幼畜食毛。

2. 症　状

当毛球形成团块，可使幼畜真胃和肠道阻塞，表现喜卧、磨牙、消化不良、便秘、腹部及胃肠臌气，严重者表现为消瘦、贫血。触诊腹部，真胃、肠道或瘤胃内有大小不等的硬块，羔羊表现疼痛不安。重症治疗不及时可导致心脏衰竭而死亡。解剖时可见胃内和幽门处有许多羊毛球，坚硬如石，形成堵塞。

3. 诊　断

从临床症状较易作出诊断，但确定病因较难，故应从饲养管理、日粮分析等多方面分析调查，找出病因才能有效防治。

4. 治　疗

一般以灌肠通便为主。

（1）可服用植物油类、液状石蜡或人工盐、碳酸氢钠等，如伴有腹泻可进行强心补液。

（2）可做真胃切开术，取出毛球。

5. 预　防

主要在于改善饲养管理。要制订合理的饲养计划，饲喂要做到定时、定量，防止羔羊暴食。瘦弱者补给维生素 A、D 和微量元素，如加喂市售的 A、D 粉和营养素。对有舔食异物的幼畜，更应特别认真补喂。补饲时，应供给富含蛋白质、维生素和矿物质的饲料，如青饲料、胡萝卜、甜菜和麸皮等，每天供给骨粉（5～10 g）和食盐，补喂鱼肝油。

### （三）酮　病

酮病是由于家畜体内碳水化合物和脂肪代谢紊乱所引起的一种营养代谢性疾病。

1. 病　因

原发性酮病常见于营养良好、产后 1 个月内的高产母牛。由于日粮配比不均衡，过度饲喂富含蛋白质的饲料，如黄豆、豆饼、豆腐渣等，而碳水化合物饲料（如干草）、青饲料和多汁饲料缺乏，致使体内糖异生不足，酮体生成增多，血、尿、乳中酮体蓄积，从而发生酮病。当日粮中蛋白质和碳水化合物饲料都缺乏时，体脂的动用和糖异生作用下降，瘤胃代谢紊乱影响维生素 B 的合成，内分泌系统功能失调，肾上腺皮质激素分泌降低等，都可促使酮病的发生。

2. 症 状

乳牛多数于产犊后发病，只有少数在产前发病。绵羊发生于怀孕后期，特别是怀双羔或三羔的。

病牛初期食欲降低，反刍缓慢、次数减少，瘤胃蠕动减弱；有过敏、过度兴奋症状，体温正常或偏低（37.8℃），呼吸增快，心跳增速（80 次 /min 以上），心音减弱，节律不整；乳量骤减，体重减轻，缩腹。后期运动失调，步态不稳，四肢瘫痪，不能站立，其姿势为头屈于颈侧而卧，呈半睡状态，低头耷耳，眼闭合，对外界反应淡漠，神经肌肉紧张度降低；呼吸、心跳逐渐减慢，最后昏迷而死。

病羊则先出现抑制状态，然后很快神经紊乱，运动失调。放牧时落于羊群之后，四肢提举高，行步摇摆，容易跌倒，倒地后起立困难，站起后又跌倒。颈部伸展，头高举后仰，孤立于一隅。最后精神不振，瞳孔散大，呼吸急促，昏迷而死。

病畜的尿、乳和呼出气体中，有一种氯仿气味或水果香甜味。

实验室检验：血糖水平由正常的 50%，下降到 20%～40%；血酮水平由正常的 10%，升高至 10%～100%；尿比重降低到 1.005～1.010（正常值为 1.025～1.050），外观似水，初呈中性反应，后呈酸性；尿酮体由正常尿 0.1～0.3 g/kg 增高到 10～13 g/kg，奶中酮体由正常增高到 3～4.5 g/kg。

3. 诊 断

（1）根据临床特征性症状（病牛头屈于颈侧而卧；病羊颈部伸展，头高举后仰，孤立于一隅）、酮体检测可做出诊断。多发于营养良好的舍饲高产奶牛，饲喂低糖高脂肪饲料。

（2）低血糖、高血脂、碱储下降，皮肤、血、尿、乳及呼出气中有酮味，则酮体含量增高。

（3）尿、乳中酮体检验呈阳性。

（4）与产后瘫痪的区别是：产后瘫痪多发于产后 1～3 d，皮肤、呼出气、尿、乳无特异性气味，尿、乳酮体检验呈阴性，乳房送风治疗效果好。

4. 治 疗

药物治疗原则是补糖、补碱，解毒保肝，健胃强心。

静脉注射 25%—50% 葡萄糖溶液 500～1 000 mL（羊 50～100 mL），1 次 /d；5% 碳酸氢钠溶液 500～1 000 mL（羊 50～100 mL），一次静脉注射。也可每日内

服红糖或白糖 0.1～0.5 kg。

丙二醇 125～250 mL，一次灌服，2 次 /d，或丙三醇 500 ml，2 次 /d，连服 7 d。

促肾上腺皮质激素，牛 200～600 IU（羊 40 IU），或可的松 1.5 g，一次肌内注射，1 次 /d，连续注射 3～5 d；人工盐 200～300 g，盐酸硫胺素 100 mg，一次灌服；维生素 $B_2$1 mg，一次肌内注射。

静脉注射 10% 葡萄糖酸钙注射液 200～300 mL（羊 25～50 mL），可缓解神经症状。

为改善瘤胃的消化机能，可内服酵母粉 100 g（羊 10 g）、酒精 50 mL（羊 5 mL）、葡萄糖粉 200 g（羊 20 g）、水 1 000 mL（羊 100 mL）。

5. 预　防

适度饲喂，使畜体既不能过肥，也不宜过瘦。蛋白质含量应占日粮的 16%，对舍饲母牛，每千克产奶量应给予精饲料约 3 kg，应按照 3 kg/100 kg 体重的量补充质量好、口感好、易消化和富营养的青干草。也可饲喂在瘤胃中能产生大量丙酸的日粮（如苜蓿颗粒：蒸熟的谷类 =8：1）；还可饲喂适量的丙酸钠、丙三醇、乳酸钠等生糖物质。丙酸钠预防量为每次口服 120 g，2 次 /d，连服 10 d。

### （四）羊酮尿病

羊酮尿病是由于蛋白质、脂肪和糖代谢发生紊乱，血内酮体蓄积所引起。该病多见于绵羊和妊娠后期山羊，以酮尿为主要症状。绵羊多发生于冬末春初，山羊发病则没有严格的季节限制。

1. 病　因

在机体代谢过程中，部分生酮氨基酸可直接变成酮体进入血液。此外，由于饲料搭配不当，碳水化合物和蛋白质含量过高，饲料粗纤维不足，特别是产羔期母羊过肥，体内大量贮存的脂肪容易引起过度动员分解，可加速体内酮体的合成。微量元素钴的缺乏和多种疾病引起的瘤胃代谢紊乱，可导致体内维生素 $B_{n2}$ 的不足，影响机体对丙酸的代谢。此外，机体内分泌机能紊乱等因素，均可促进酮病的发生。

2. 症　状

病羊初期掉群，视力减退，呆立不动，驱赶强迫运动时，步态不稳。后期意识紊乱，不听主人呼唤，失明。神经症状常表现为头部肌肉痉挛，并可出现耳、唇震颤，空嚼，口流泡沫状唾液。由于颈部肌肉痉挛，故头后仰，或偏向一侧，亦可见到转圈运动。若全身痉挛则突然倒地死亡。

3. 诊　断

尿液中酮体如呈阳性反应，再结合病史、症状等，即可确诊。

4. 治　疗

为了提高血糖含量，静脉注射 25% 葡萄糖 50～100 mL，1—2 次 /d，连用 3～5 d，也可与胰岛素 5～8 IU 混合注射。调节体内氧化还原过程，可口服柠檬酸钠或醋酸钠，灌服 15 g/d，连服 5 d 有效。

5. 预　防

改善饲养条件，冬季防寒，补饲胡萝卜和甜菜根等；春季补饲青干草，适当补饲精料（以豆类为主）、骨粉、食盐及多种维生素等。

### （五）羔羊白肌病

羔羊白肌病又称肌肉营养不良症，是饲料中缺乏微量元素硒和维生素 E 而引起的一种代谢障碍性疾病，以骨骼肌、心肌发生变化为主要特征。

1. 病因

该病主要是由于饲料中硒过度缺乏，维生素 E 或钴、银、锌、钒等微量元素含量过高，影响动物体对硒的吸收所致。当饲料、饲草内硒的含量低于千万分之一时，就可发生硒缺乏症。一般饲料内维生素的含量都比较丰富，但维生素 E 是一种天然的抗氧化剂。因此，当饲料保存条件差，高温、湿度过大、淋雨、暴晒或存放过久后酸败变质，则维生素 E 很容易被分解破坏。在缺硒地区，羔羊发病率很高。

2. 症　状

全身衰弱，肌肉弛缓无力，有的出生后就全身衰弱，不能自行起立。行走不便，共济失调。心率快，可达 200 次 /min 以上，严重者心音不清，有时只能听到一个心音。

病理变化。主要病变部位在骨骼肌、心肌、肝脏，其次为肾脏和脑。较常受害的骨骼肌为腰、背、臀、膈肌等肌肉。病变部位肌肉变性、色淡、似肉煮样或石蜡样，呈灰黄色、黄白色的点状、条状、片状不等；横断面有灰白色、淡黄色斑纹，质地变脆、变软、钙化。心肌扩张、变薄，以左心室最为明显，多在乳头肌内膜有出血点，在心内膜、心外膜下有黄白色或灰白色且与肌纤维方向平行的条纹斑。肾脏可见到充血、肿胀，肾实质有出血点和灰色的斑状灶。

3. 诊　断

可根据地方缺硒病史，饲料分析，临床表现（骨骼肌机能障碍及心脏变化），病理解剖学的特殊病变，用硒制剂防治的良好效果等作出诊断。

4. 治　疗

对发病羔羊，每只应立即用 0.2% 亚硒酸钠 1.5～2 mL，颈部皮下注射，隔 20 d 再注射 1 次，若同时肌内注射维生素 E 10～15 mg，则疗效更佳。

5. 预　防

对缺硒地区，每年所生的新羔在出生后 20 d 左右，开始用 0.2% 亚硒酸钠液 1 mL 进行皮下或肌内注射，间隔 20 d 后再注射 1.5 mL。注射开始日期最晚不超过 25 日龄。给怀孕母羊皮下注射 1 次亚硒酸钠，剂量为 4～6 mL，能预防新生羔羊患白肌病。

## 二、牛羊主要外科疾病防治技术

### （一）创　伤

创伤是指家畜体表或深部组织发生损伤。创伤可分为新鲜创伤和化脓性感染创伤。新鲜创伤包括手术创伤和新鲜污染创伤，而化脓性感染创伤是指创内有大量细菌侵入，出现化脓性炎症的创伤。

1. 病　因

（1）机械性损伤：系机械性刺激作用所引起的损伤，包括开放性损伤和非开放性损伤。

（2）物理性损伤：由物理性引起的损伤，如烧伤、冻伤、电击及放射性损伤等。

2. 症　状

新鲜创伤的临床特点是出血、疼痛。伤后的时间较短，创内尚有血液流出或存有血凝块，且创内各部组织的轮廓仍能识别，有的虽被污染，但未出现创伤感染症状。严重创伤有不同程度的全身症状。

化脓性感染创伤的临床特点是创面脓肿、疼痛，局部增温，创口不断流出脓汁或形成很厚的脓痂，有时出现体温升高。

3. 诊　断

局部检查：了解创伤发生的部位、形状、大小、方向、性质、深度、裂开的程度、有无出血、范围、组织状态以及有无异物、污染及感染、血凝块、创囊等。对有分泌物的创伤，应注意分泌物的颜色、气味、黏稠度、量和排出情况等。

全身检查：动物的精神状态、体温、呼吸、脉搏及可视黏膜状况。

4. 治　疗

新鲜创面若表面清洁，不必清洗，可用消毒纱布盖住创面，在创面周围剪毛，消毒后撒布消炎粉、碘仿磺胺粉及其他防腐生肌药。如有出血，应外用止血粉撒布创面，必要时可用卡巴克洛、维生素 $K_3$ 或氯化钙等全身性止血剂，并用3% 过氧化氢溶液、0.1% 高锰酸钾溶液冲洗创面污物，然后用生理盐水冲洗，擦干，撒布。如创面大，创口深，撒布上述药物后需进行缝合。

化脓性感染创面应先扩创排脓，剪掉或切除坏死组织，然后用 0.1% 高锰酸钾液、3% 过氧化氢溶液或 0.1% 新洁尔灭液冲洗创腔。最后用松碘流膏（松馏油 15 g、5% 碘酒 15 mL、蓖麻油 500 mL）纱布条引流。有全身症状时可选用抗菌消炎类药物，并注意强心解毒。

5. 预　防

加强饲养管理，避免机械、物理、化学及生物性的损伤发生。

### （二）腐蹄病

腐蹄病是指牛羊的蹄部真皮发生化脓、坏死，表现为腐败恶臭、疼痛剧烈的一种疾病。

1. 病　因

由于饲料中蛋白质、维生素、矿物质不足及护蹄不当，运动场或牛舍长期泥泞潮湿，蹄长期被其粪尿浸泡等，使趾间抵抗力降低，被各种细菌如坏死杆菌、链球菌、化脓性棒状杆菌、结节状梭菌等感染而发病。

本病常发生于多雨季节。细菌通过损伤的皮肤侵入机体。牛羊长期在泥泞地区或草场上放牧，或者在舍棚潮湿拥挤，相互践踏，都容易使蹄部受到损伤，被细菌侵入感染。

2. 症　状

患牛初期趾间发生急性皮炎，潮红、肿胀、频频举肢，呈现跛行。系部直立或下沉，蹄冠变红，有热、肿胀和敏感反应。随着炎症的发展，出现化脓而形成溃疡、腐烂，并有恶臭的脓性液体。病牛精神沉郁，食欲不振，泌乳量下降。蹄匣角质逐渐剥离，往往波及腱、趾间韧带或蹄关节，此时，体温升高，跛行严重，严重者导致蹄匣脱落。

3. 诊　断

一般根据临床症状（发生部位、坏死组织的恶臭味）和流行特点，即可作出诊断。在初发病地区，为了确诊，可在坏死组织和健康组织交界处用消毒小匙刮取材料，制成涂片，用复红－亚申蓝染色法染色，进行镜检。坏死杆菌在镜下呈蔷薇色，为着色不均匀的丝状体。如无镜检条件，可以将病料放在试管内，保存在灭菌的 25%～30% 甘油生理盐水中，送往实验室检查。

4. 治　疗

首先进行隔离，对局部进行消毒，然后根据具体病情采取以下治疗措施。

（1）病畜用 10% 硫酸铜溶液或高锰酸钾液进行清洗、浴蹄后，削蹄，彻底除去坏死组织及角质，病变处进行外科处理，然后向患部撒布高锰酸钾粉或硫酸铜粉，必要时反复削蹄和蹄浴。

（2）若脓肿部分未破，应切开排脓，然后用 1% 高锰酸钾洗涤，再涂搽高浓度福尔马林，或撒以高锰酸钾粉，也可涂 5% 的碘酊。

（3）中药治疗。可选用桃花散或龙骨散撒布患处。

桃花散：陈石灰 500 g、大黄 250 g。先将大黄放入锅内，加水 1 碗，煮沸 10 min，再加入陈石灰，搅匀炒干，除去大黄，其余研为细面撒用。有生肌、散血、消肿、定痛之效。

龙骨散：龙骨 30 g，枯矾 30 g，乳香 24 g，乌贼骨 15 g。共研为细面撒用。有止痛、去毒、生肌之效。

5. 预　防

本病应加强预防，要及时清扫圈舍和运动场；加强饲养管理，日粮要平衡，充分重视钙、磷的供应和比例，防止骨质疏松症的发生；尽量避免或减少在低洼、潮湿的地区放牧；加强蹄的护理，定期用 4% 硫酸铜溶液喷洒蹄部，经常修蹄，保持蹄部健康、清洁、干燥，防止外伤发生。

### （三）蹄叶炎

蹄叶炎为蹄真皮与角小叶的弥漫性、非化脓性的渗出性炎症。其临床特征是，蹄角质软弱、疼痛和不同程度的跛行。本病多发生于青年牛及胎次较低的牛只，散发，也有群发现象。

1. 病　因

饲料中精饲料过多，粗饲料不足或缺乏，奶牛分娩时后肢的水肿使蹄真皮的抵抗力降低，持续而不合理的过度负重，甲状腺机能减退，对某些药物如抗蠕虫剂、雌激素及含雌激素高的牧草的变态反应，胎衣不下、乳腺炎、子宫炎、酮病、妊娠毒血症等都可引发本病。

2. 症　状

（1）急性病例：体温升高达 40～41℃，心动亢进，100 次 /min 以上。食欲减退，出汗，肌肉震颤，蹄冠部肿胀，蹄壁叩诊有疼痛。两前蹄发病时，见两前蹄交替负重。两后蹄发病时，头低下，两前肢后踏，两后肢稍向前伸，不愿走动，行走时，步态强拘，腹壁紧缩。四蹄发病时，四肢频频交替负重，为避免疼痛，站立姿势改变。喜在软地上行走，对硬地躲避，喜卧，卧地后，四肢伸直呈侧卧姿势。

（2）慢性病例：全身症状轻微，患蹄变形，见患指（趾）前缘弯曲，趾尖翘起，蹄轮向后下方延伸且彼此分离，蹄踵高而蹄冠部倾斜度变小，蹄壁伸长，系部和球节下沉，弓背，全身僵直，步态强拘，消瘦。

3. 诊　断

（1）急性型，应根据长期过量饲喂精料，以及典型症状如突发跛行、异常姿势、拱背、步态强拘及全身僵硬等，作出诊断。

（2）慢性型，往往误认为蹄变形，而这只能通过 X 射线检查确定。其依据是系部和球节的下沉，指（趾）静脉的持久性扩张，生角质物质的消失及蹄小叶广泛性纤维化。

4. 治　疗

应加强护理病畜，将其置于清洁、干燥的软地上饲喂，充分休息，促使体内血液循环恢复。为使扩张的血管收缩，减少渗出，可进行蹄部冷浴，0.25% 普鲁卡因 1 000 mL，静脉注射。为缓解疼痛，可用 1% 普鲁卡因 20～30 mL 进行指（趾）神经封闭，也可用乙酰普鲁吗嗪。

对慢性病例，加强饲养，供给易消化饲料，并辅以对症治疗，以促进机体营养和体质恢复。保护蹄角质，合理修蹄，促进蹄形和蹄机能的恢复。

5. 预 防

加强饲养管理，严格控制精料喂量，保证粗纤维供给量。为防止瘤胃酸度增高，可投服碳酸氢钠（以精料的 1% 为宜）、0.8% 氧化镁（按干物质计）。

建立健全蹄卫生保健制度。定期修蹄，避免蹄壁受压，保持或维护蹄正常机能。保持运动场干燥与平整，防止或减少蹄受到机械性刺激而发生外伤。及时治疗子宫炎、乳腺炎和胎衣停滞等原发疾病，防止继发性蹄叶炎的发生。

# 第五章　猪鸡疾病防治技术

本章主要介绍猪鸡疾病防治技术，主要从四个方面进行了阐述，分别是生猪不同生长阶段的疾病防治技术、猪类主要疾病的防治技术、鸡类常见寄生虫病防治技术和鸡类主要传染病防治技术。

## 第一节　生猪不同生长阶段的疾病防治技术

### 一、哺乳仔猪阶段

主要病害为仔猪红痢、黄痢、白痢、轮状病毒腹泻、仔猪球虫病等。红痢多在分娩后 3 d 内出现，主要表现为急性出血性下痢，该病死亡率颇高。直接病因为魏氏梭菌感染所致，间接原因为环境卫生、消毒不够彻底等，也和环境温度较低有关系。该病在我国各养猪场均存在，尤其在南方地区发病率较高。仔猪黄痢、仔猪白痢在分娩后 3～7 d 内出现，直接病因为大肠杆菌的感染，间接原因为环境温度偏低，母猪患乳腺炎、子宫炎及泌乳障碍综合征，或因采食量少引起泌乳量下降。仔猪腹泻还与初生重量直接相关。因此，在饲养过程中，必须采取综合措施防治该病。新型铸铁地板有大量毛刺，会破坏关节皮肤，使得关节炎发生率增加。

#### （一）管理要点

1. 母猪管理

母猪在进入产房之前，必须对产房地面、猪栏进行全面消毒，烘干至少 1 周后才可以入猪。母猪必须浑身干净，消毒，尤以阴部及乳房为甚。仔猪出圈后最好把它放在地上或垫料上，让其自由活动。产房内温度宜高，而夏季产房气温较高，会对母猪采食量造成影响，造成产奶量下降。冬天如果仔猪保温区的温度低，可降低仔猪的抵抗力，使腹泻的发病率显著提高。母猪乳头及乳房、被毛、阴部均用0.1%高锰酸钾水溶液擦洗干净。

2. 仔猪管理

把每个乳头的奶挤掉几滴，再固定喂奶。接生员一定要遵循接产的常规标准，把出生后的小猪放入已消毒的产仔箱内，待毛干后，人工固定乳头。仔猪要早食初乳，也就是在分娩后6 h之内吃足初乳，能得到大量母源抗体，降低腹泻和猪瘟、五号病及其他病症的发生。仔猪断尾、剪牙器械要进行消毒，降低了由伤口传染疾病的概率，手术结束后，宜打抗生素针，可预防链球菌及其他感染。

3. 猪群保健

母猪在分娩前后1周内，饲料中添加支原净100 g/t+金霉素400 g/t，会显著降低母猪子宫炎、乳腺炎及泌乳障碍综合征的发病率，增加泌乳量和哺乳仔猪采食量，减少腹泻发生，同时对肠道疾病也有一定疗效。若晚期呼吸道病较重，则开口料可加支原净150 mg/kg加硫酸黏杆菌素100 mg/kg连用两周。4～5日龄时给仔猪灌喂抗球虫药，如百球清，可防止因感染球虫而引起腹泻。

4. 加强产房管理，创造适宜的环境温度

产房温度：母猪20～22℃，仔猪30～28℃，依生长日龄递减。

临产母猪1～2 d可用200 mg/kg聚维酮碘水擦洗消毒母猪乳房，乳房上的聚维酮碘不要用水擦干净，让小猪先吃奶。小猪吃乳时吃进少量剩余聚维酮碘，杀死经口传播的病毒。母猪及小猪也可少量口服200 mg/kg聚维酮碘。同时，全进全出和合理的空栏消毒，可以有效减少各种疾病的发生。

**（二）疾病防控**

合理地进行疫苗免疫和药物保健，可以有效地降低哺乳阶段仔猪的发病率和死亡率，下面就哺乳阶段仔猪的常见病防治措施进行综述。

1. 猪流行性腹泻、猪传染性胃肠炎和猪轮状病毒感染

接种猪流行性腹泻和传染性胃肠炎二联苗：妊娠母猪（产前45 d、15 d）用弱毒苗后海穴注射免疫，剂量为2 mL/头。用轮状病毒弱毒三联疫苗对妊娠母猪于产前20 d后海穴注射免疫，哺乳仔猪可获得被动免疫。

（1）日常消毒

猪场舍内用碘制剂等消毒剂消毒，使用工具用烧碱水进行浸泡消毒处理，

1 d1 次，猪场外环境每周用烧碱等消毒剂消毒 1 次。

（2）对症治疗

第一，防止脱水酸中毒。腹泻仔猪可采取饮水或灌服口服补液盐的方法进行适当补液，对于发病严重的仔猪还可采取腹腔注射补液，主要防止脱水后导致机体代偿紊乱，进而引发的酸中毒。

第二，抗病毒。1 日龄仔猪口服抗病毒中兽药制剂，1 次 /d，连用 2～3 d。母猪同时使用抗生素（产前 1 次，产后 2 次）进行治疗。

第三，促进排毒，减少毒素的吸收。每头仔猪灌服蒙脱石粉 2 g，2 次 /d，可有效保护胃肠黏膜，减少毒素的吸收。同时可结合使用微生物制剂，对仔猪的胃肠道菌群起到调理作用，促进康复。

第四，防继发感染。可在饮水中加适量抗生素（阿莫西林等）进行保健，对于较为严重的病例可直接注射给药（恩诺沙星等），主要为防止继发感染。

2. 伪狂犬病

注射伪狂犬病弱毒疫苗。仔猪出生后 1～2 周内，于股内侧肌注 0.5 mL，断奶后再接种 1 mL。3 月龄以上仔猪和架子猪股内侧或臀部肌内注射 1 mL，成年猪臀部肌注 2 mL，妊娠母猪产前 1 个月肌注 2 mL。

3. 仔猪黄、白痢

防治本病的主要措施：中国兽药监察所用致病株研制成仔猪黄痢苗，对怀孕母猪于产前 1 个月和半个月分别免疫注射，每头于颈部肌注 1 mL，可观察到一定的效果，也可于产前 21 d 左右皮下注射仔猪腹泻基因工程双价疫苗。

仔猪生下后，将乳牙剪掉，每头口服链霉素 10 万 IU 或肌注庆大霉素 8 万 IU。也可以在母猪临产前后肌注青霉素 320 万 IU、链霉素 300 万 IU。

脱水防治：小猪被感染可用青霉素 15 万单位肌注、庆大霉素 1 万单位稀释于 20 mL5% 糖盐水中，一次性腹腔注射，每天 2 次，连续 2 d。

母猪产前半月注射接种对于预防此病有较好效果。治疗还可用氟苯尼考、土霉素等药。也可用黄连、黄柏、通草各 10 g，白头翁、甘草各 6 g，车前子、滑石粉各 15 g，研成细末，煎水分 4 次灌服。

预防仔猪白痢：在母猪分娩前后和哺乳阶段，猪舍应经常消毒，母猪乳头常用 0.1% 高高锰酸钾水洗涤。在母猪产前半个月，注射 MM-3 基因工程菌苗，有较好的预防效果。乳猪出生后可喂少量的 0.1% 高锰酸钾水，也可在猪槽内放少许木炭末，任小猪舔食。治疗仔猪白痢的药物和方法很多，如土霉素、痢菌净、庆大霉素、速效治痢剂等。

4. 仔猪红痢

预防本病可给母猪注射仔猪红痢菌苗，一旦发现本病，应立即治疗，马上严格消毒，隔离、淘汰病死母猪、仔猪，防止疫情蔓延。

5. 葡萄球菌

猪葡萄球菌感染主要是由金黄色葡萄球菌和猪葡萄球菌引起的细菌性疾病。金黄色葡萄球菌感染可造成猪的急性、亚急性或慢性乳腺炎，坏死性葡萄球菌皮炎及乳房的脓疱病；猪葡萄球菌主要引起猪的渗出性皮炎，又称仔猪油皮病，是最常见的葡萄球菌感染。此外，感染猪还可能出现败血性多发性关节炎。

病死猪尸体消瘦，严重脱水，全身皮肤上覆盖着一层坚硬的黑棕色厚痂皮，厚痂皮有横向裂口直达皮肤。剥除痂皮时往往会连同猪毛一起拔出，露出带有浆液或脓性分泌物的暗红色创面。尸体眼睑水肿，睫毛常被渗出物粘着，皮下有不同程度的黄色胶样浸润，腹股沟等处浅表淋巴结常有水肿充血，内脏多无相关病变。

（1）猪葡萄球菌感染引发皮炎病的治疗

第一，发现后即隔离，后对病猪污染的圈舍及环境用 4% 烧碱彻底消毒，3 d1 次。

第二，对出现临床症状的病猪进行肌内注射强效阿莫西林（mg/kg 体重）。

（2）猪金黄色葡萄球菌感染的治疗

第一，将病猪隔离饲养，将污染的栏舍彻底清洁后用消毒液全面消毒，每天1 次，连用 5 d。

第二，对病猪用温生理盐水全身冲洗，擦干后用红霉素软膏全身涂抹，每日1 次。

第三，用青霉素和复合维生素 B 结合治疗。青霉素 40 万 IU/ 头，复合维生素 B 注射液 3 mL/ 头（复合维生素 B 注射液规格：维生素 $B_1$ 0.1 g+ 维生素 $B_2$ 10 mg+ 维生素 $B_6$ 10 mg+ 烟酰胺 0.15 g+ 右旋泛酸钠 5 mg），每日 2 次，连用 3～5 d。

6. 球虫病

猪球虫病是一种由艾美耳属和等孢属球虫引起的仔猪消化道疾病，能引起仔猪腹泻、消瘦及发育受阻。猪球虫病多见于仔猪，可引发仔猪严重的消化道疾病。成年猪多为带虫者，是该病的传染源。该病呈世界性分布。猪球虫的种类很多，但对仔猪致病力最强的是猪等孢属球虫。

（1）症状

虽然该病也见于 3 日龄的乳猪，但一般发生在 7～21 日龄的仔猪。临诊症状以腹泻为主症，历时 4～6 d，大便如水样或糊状，呈黄至白色，偶因潜血出现褐色。有的病例腹泻是受自身限制的，其主要临诊表现为消瘦且发育受阻。虽然发病率较高（50%～75%），但死亡率变化较大，有些病例低，有些则可高达 75%，死亡率的这种差异可能是由于猪吞食孢子化卵囊的数量和猪场环境条件的差别以及同时存在的其他疾病的问题所致。

（2）防治

用百球清（5% 混悬液）治疗猪球虫病，剂量为 20～30 mg/kg，口服，可使仔猪腹泻减轻，粪便中卵囊减少，可使发病率自 71% 降为 22%。它既能杀死有性阶段的虫体，也能杀死无性阶段的虫体。

最佳的预防办法是搞好环境卫生，即搞好产房的清洁，产仔前母猪的粪便必须清除，产房应用漂白粉（浓度至少为 50%）或氨水熏蒸消毒数小时以上。

## 二、保育阶段

这个时期仔猪抵抗力最弱，由于经过断奶、转群、换料和高密度饲养应激反应等过程，仔猪抵抗力显著下降，同时，由于母猪分娩后体质恢复慢，产仔间隔长，导致新生仔畜免疫力低下。而仔猪在断奶前和断奶后的母源抗体已下降至最低水平，接种疫苗后主动免疫应答还没有发生，所以这个时期是猪场最困难的阶段，也是疫病暴发流行的高发期。猪舍门窗紧闭达到了保温目的，使空气流通受到限制，极大地增加了氨气等有害气体在空气中的浓度，呼吸道抵抗力下降。此外，由于饲料营养水平低，加上管理不善等原因导致腹泻现象普遍而严重，从而影响猪生长发育，甚至造成死亡。所以保育仔猪阶段最易染病，尽管有的病并不是保育阶段的病，或者出现较少，但多为这一阶段被传染。

### （一）管理要点

断奶后，仔猪应根据体重的不同单独喂养，使同栏仔猪采食量相近，不然易产生均匀度差的问题，瘦弱仔猪抵抗力较低下等现象。另外，由于断奶时间过早会影响母猪泌乳和仔猪采食等生理机能，降低其成活率。断奶仔猪环境温度必须保持在28℃以上，尤其在断乳后1周内。环境温度的升高，有助于增强仔猪抵抗力，提高饲料利用率。另外，还要加强通风换气，防止舍外温度过高而引起热应激。保证空气质量，减少呼吸道疾病感染概率。尽可能地减少保育猪饲养密度，因为密度与生长速度呈反比关系。保证空气通畅，通风不良会增加应激源，不利于母猪健康繁殖。营造舒适环境，能使仔猪生产性能最大化。

饲料：使用优质饲料或者加入足量维生素及矿物质，可以减少应激反应给仔猪带来的不利影响。努力激发仔猪食欲，增加采食量。另外要注意控制饲喂时间，避免过晚过早喂料而影响免疫应答效果。实验表明，断奶后多采食100 g/d，保育期过后，体重会增加1.5 kg，并能确保免疫系统得到全面发育。另外，要注意控制日粮中脂肪含量，防止过多过快地增加猪体内能量储备。霉菌毒素吸附剂在饲料中的添加量为3 kg/t，最大限度地减少霉菌毒素污染所引起免疫抑制。

管理：重视饲养管理，增加猪群营养需要，为了提高机体抵抗力，降低应激反应，给猪群饮用电解质及维生素C6 d。同时，给病猪食用青菜、萝卜等多汁饲料。预防感染猪瘟、伪狂犬病及弓形虫病等传染病。发病时进行彻底消毒，全面打扫猪舍卫生，利用火焰喷灯对猪圈的地面及墙壁进行喷油，然后用百毒杀喷雾干燥灭菌，每日早、晚各一次，连续4 d喷雾消毒，食槽、水槽等用具由水和氢氧化钠水溶液冲洗，再用水漂洗干净。

保健：断奶后的饲料中添加支原净100 mg/kg+金霉素400 mg/kg，连用2周。能预防肺炎支原体的感染、副猪嗜血杆菌、胸膜肺炎放线杆菌、猪痢疾密螺旋体、细胞内的劳索尼亚菌、结肠螺旋体及其他感染，改善猪群健康状况。若断奶时链球菌感染更为严重，可在上述剂型的基础上再加阿莫西林175 mg/kg。

### （二）疾病防控

1.猪蓝耳病（猪繁殖与呼吸综合征）

目前尚无特效药物治疗，有效方法是进行疫苗免疫，可适当使用抗菌药物，防治细菌性疾病的继发感染。定期检测猪群的抗体水平，较高水平且整齐的抗体可以有效保护猪群抵抗野毒的攻击。根据笔者经验和大量数据证明：哺乳期主要通过母源抗体保护仔猪，哺乳期 14～18 d 进行免疫接种 0.3～0.5 头份/头，待仔猪进入到保育期时，可以产生有效抗体，降低保育猪蓝耳感染。保育期 50 月龄接种 0.5～0.8 头份/头，使育肥猪保持较好的抗体水平。母猪群每间隔 4 个月接种 1 次，后备猪引种前检测蓝耳抗体水平，有排毒现象的猪群禁止入群。可以有效预防蓝耳病的发生。

2. 猪　瘟

坚持自繁自养，以免购入带有病毒的猪，猪的进出要严格检疫。做好饲养管理和环境卫生工作，喷洒 2% 烧碱定期消毒。仔猪要接种 2 次疫苗，即断奶时 1 次（断奶 1～7 d），60～70 日龄时 1 次。定期检测母猪群猪瘟抗体水平，阴性比例达到 40% 以下时，及时补注猪瘟疫苗。猪场发生疫情时，大剂量紧急接种猪瘟疫苗，同时进行超前免疫，可以快速控制疫情。在发病初期，可用抗猪瘟血清治疗。一般要每天注射 1 次，连续 2～3 次。

3. 猪圆环病毒病

仔猪断奶后 3～4 周是预防圆环病发生的最关键时期。抓住关键时期，减少断奶仔猪的应激，减少过早断奶，断奶后更换饲粮的应激；减少断奶后并圈并群的应激；降低饲养密度、提供舒适环境；强化猪场的生物安全。减少后备母猪的购入数量；断奶仔猪舍在进猪前必须严格清洗消毒，同时执行全进全出的饲养制度；提倡各猪舍和猪舍之间实行脚浴消毒制度。

合理的免疫：哺乳期 14～18 d 与蓝耳同期免疫，1 头份/头。

4. 副猪嗜血杆菌病

副猪嗜血杆菌病是由副嗜血杆菌引起的一种以多发性浆膜炎和关节炎为特征的严重危害仔猪健康的传染病，死亡率高，会造成严重的经济损失。

免疫：在猪副嗜血杆菌病严重的猪场可对猪群进行免疫，因该病血清型繁多，商品菌的作用是不定的，自家苗具有一定的防治作用。没有条件时，还可以选择猪副嗜血杆菌多价灭活苗免疫。母猪：初免猪产前 40 d 一免，产前 20 d 二免，经产猪在产前 30 d 内进行一次免疫。受到该病严重威胁的猪场，小猪还应免疫，从猪场的发病日龄来推测免疫时间，仔猪免疫通常安排在 7 日龄至 30 日龄之间，每次为 1 mL，最好是在一免后过 15 d 再反复免疫一次，二免距发病时间要有 10 d 以上的间隔。

5. 猪传染性胸膜肺炎

不同年龄、不同性别的猪均存在易感性，其中，以 6 周龄至 6 月龄猪发病率高，但是 3 月龄的仔猪最容易感染。该病发病常表现为最急性型或急性型病程，死亡快，急性暴发的猪群，发病率及死亡率通常在 50% 左右，最急性型死亡率为 80%～100%。

疫苗的免疫接种：国内外都有商品化灭活疫苗免疫该病。通常，5～8 周首次免疫，2～3 周第二次免疫。母猪分娩前 4 周免疫。可用本猪场分离株生产的灭活疫苗防制该病，防治效果较好。

6. 猪丹毒

主要发生于猪的一种急性热性传染病，由胞内菌猪丹毒丝菌所引起。急性型呈败血症，亚急性型在皮肤上出现紫红色疹块，慢性则主要发生心内膜炎和关节炎。偶见于其他畜禽。主要侵害 3～12 月龄的架子猪，就近两年猪丹毒疫情看，各年龄段均易发，尤其怀孕母猪流产死亡率高。以春、秋季节多发。

每年春秋两季全群各进行 1 次猪丹毒弱毒冻干苗或三联苗预防接种，疫苗效果显著，发过疫情的猪场，在免疫接种前，先使用青霉素类抗生素保健 1 星期，间隔 3 d，再进行免疫。

7. 猪链球菌

本病是由猪链球菌引起的多个疾病的总和，其中以败血性链球菌病危害最大，以淋巴结脓肿和关节炎最为多见。

做好菌苗的预防接种工作。因猪链球菌血清型众多，不同菌苗对于不同血清型猪链球菌的感染没有交叉保护力，或者交叉保护力很低。一般应选用弱毒活菌制剂的苗种。用于预防的疫苗，宜选用同一血清型的菌苗。菌苗以弱毒性的活菌苗为好，是由于细胞免疫对猪链球菌的感染有较大的抗性。

8. 猪蛔虫病

猪蛔虫病（ascariosis）是由于猪蛔虫在猪小肠内寄生而导致的线虫病，呈世界性分布，在集约化养猪场及散养猪中都有普遍发生。

我国猪群感染率在 17%～80% 之间，感染强度平均 20～30 例。染病仔猪生长发育不良，增重率降低30%。严重发病仔猪生长停滞，出现"僵猪"现象，甚至导致死亡。所以，猪蛔虫病是养猪业中损失最严重的一种寄生虫病。

（1）症　状

猪蛔虫在幼虫与成虫阶段所引起的症状与病变不同。

当幼虫进入肝脏后，导致肝组织出血、变性坏死，形成直径约1 cm的云状蛔斑。移行于肺，则导致蛔虫性肺炎。临诊以咳嗽、呼吸加快、体温升高、食欲下降、精神沉郁为主要特征。病猪趴在地上不愿活动。幼虫在移行过程中，也导致嗜酸性粒细胞的增加，发生荨麻疹及一些神经症状类反应。

成虫寄生于小肠后会对肠黏膜产生机械性刺激而导致腹痛。蛔虫量大时往往凝结成团，阻塞肠道造成肠破裂。有的时候蛔虫会进入胆管，使胆管堵塞，导致黄疸等病症。

成虫可分泌毒素，对中枢神经及血管有一定影响，导致一系列神经症状。成虫从宿主体内攫取了大量养分，使得仔猪发育不完全，生长障碍，被毛粗糙杂乱，往往是导致"僵猪"现象发生的主要因素，严重的会造成死亡。

（2）防　治

可使用下列药物驱虫，均有很好的治疗效果。

第一，甲苯咪唑。每千克体重10～20 mg，混在饲料中喂服。

第二，氟苯咪唑。每千克体重30 mg，混在饲料中喂服。

第三，左咪唑。每千克体重10 mg，混在饲料中喂服。

第四，噻嘧啶。每千克体重20～30 mg，混在饲料中喂服。

第五，阿苯达唑。每千克体重10～20 mg，混在饲料中喂服。

第六，阿维菌素。每千克体重0.3 mg，皮下注射或口服。

第七，伊维菌素。每千克体重0.3 mg，皮下注射或口服。

第八，多拉菌素。每千克体重0.3 mg，皮下或肌内注射。

（3）预防

①定期进行驱虫。在规模化猪场中，必须先进行全群猪的驱虫。此后，公猪每年要驱虫2次；母猪在分娩前1～2周驱1次虫；仔猪转到新圈后，进行1次驱虫；新引进猪需要驱虫，然后与其他猪并群。产房、猪舍入猪前，要进行全面的清洁、消毒。母猪在转产房前，要用肥皂洗净身体。

散养肥猪场中，断奶仔猪进行首次驱虫，4～6 周再次驱虫。广大农村分散饲养的猪群，推荐 3 月龄与 5 月龄时各驱虫 1 次。驱虫药选择应以高效、广谱、低毒为主，应优先使用阿维菌素类药物。

②保持猪舍、饲料、饮水的清洁与卫生。猪粪、垫草等要放在固定的场所堆集，进行发酵，用发酵后的温度杀死虫卵。粪中的寄生虫有许多种类，如蛔虫、鞭毛虫等。猪蛔虫幼虫能引起人类内脏幼虫移行症，因此，杀灭虫卵在公共卫生上也是十分重要的。

## 三、生长育肥阶段

生长育肥猪抵抗力比保育猪高，平时的发病率、死亡率都较低，但是有一些病是此阶段才会出现的。因此，养殖人员应注意各种疾病的预防与控制。例如，呼吸道疾病综合征，放线杆菌胸膜肺炎，猪痢疾，结肠炎，回肠炎等。这些病造成的急性损失较小，但因猪只生长较慢，饲料转化率下降，最后大大增加了生产成本。其中多数病是在保育阶段传染的，所以假如可以在保育阶段改善饲养管理和药物预防，则生长育肥阶段的发病将明显减少。

### （一）管理要点

（1）饲养管理：猪群密度必须合理，实践表明，高密度养猪比低密养猪容易得呼吸道病。也就是说，密度越大，猪群越容易患呼吸道疾病。

（2）饲料：在梅雨季节，饲料中加入霉菌毒素吸附剂 3 kg/t，对霉菌毒素的预防效果较好。

（3）保健：结合猪场的实际病情，发病 1 周以前，在饲料中添加支原净100 mg/kg，金霉素 400 mg/kg 或强力霉素 150～200 mg/kg，连用 7 d，能有效防治呼吸道疾病综合征，减少胸膜肺炎发生，并且还能预防和治疗猪痢疾、结肠炎及回肠炎。

### （二）疾病防控

1. 口蹄疫（FMD）

该病是一种急性发热性、高度接触性传染病，主要由于感染口蹄疫病毒导致。特征为口腔黏膜、蹄部皮肤发生水疱及溃烂，哺乳仔猪死亡率高，而成年猪一般无死亡现象。主要感染偶蹄牲畜（牛、羊、猪），人亦可感染。病猪及康复带毒猪是本病的主要传染源之一，病猪口、鼻分泌物，粪尿排出物，污染饲料，饮水，车辆器具及圈舍环境等形成传染链，病毒经消化道、呼吸道、黏膜或皮肤而感染。本病多发于秋末、冬春，尤以春季盛行，传染性强，发病率高，为国际一类检疫对象。

FMD 病毒的传播方式有接触传播与空气传播两种，接触传播也有直接接触与间接接触之分。还未见 FMD 垂直传播方面的报道。

接触传播：直接接触以同群动物间的接触为主，包括圈舍、牧场、集贸市场、展销会和运输车辆上接触发病动物与易感动物之间直接接触。间接接触多是媒介物机械性带毒引起的扩散，它既包括无生命媒介物，也包括生命媒介物。野生动物、鸟类、啮齿类、猫、犬、吸血蝙蝠以及昆虫等都能传播本病。媒介物通过接触病畜或病毒污染物，带有病毒并机械地传递给易感动物。

空气传播：FMD 病毒气源传播途径，尤其对于远距离传播更具有流行病学的作用。在寒冷季节，由于冷空气进入室内或有其他原因使室内空气流通受阻时，也会发生这种现象。感染畜呼出 FMD 病毒，形成极小气溶胶粒子时，可被风吹走几十甚至 100 km 以外，感染性强的病毒可使下风处易感畜致病。影响空气传播最重要的因素为相对湿度。湿度越低，则其生存时间越短。相对湿度大于 55%，病毒生存更久；55% 以下迅速丧失活性。在相对湿度为 70%，气温较低时，病毒在 100 km 外都能被感染。

防治：尚无抗口蹄疫的特效药物。

近几年流行缅甸 98 株，选择含有流行毒株的免疫效果较好。育肥猪免疫时间：哺乳阶段 20 头免疫 1 次，1 头份 / 头，60 日龄免疫 1 次，1 头份 / 头，180 日龄免疫 1 次，1 头份 / 头。母猪群冬春季节免疫应保证每年 2～3 次，2 头份 / 头。

2. 猪丹毒

主要发生于猪的一种急性热性传染病。由胞内菌猪丹毒丝菌所引起。急性型呈败血症，亚急性型在皮肤上出现紫红色疹块，慢性则主要发生心内膜炎和关节炎。偶见于其他畜禽。

（1）发病原因

第一，圈舍肮脏潮湿。

第二，饲料湿喂，尤其是如果使用了奶类副产品，会促进病原的繁殖。

第三，引水系统遭病原污染。

第四，摄入粪便。

第五，猪只转移、混群造成应激。

第六，温度突变，夏季高温。

第七，饮水系统遭病原污染。

第八，突然更换日粮。

第九，连续生产，不空舍消毒。

第十，病毒感染，尤其是繁殖呼吸综合征和流感。

第十一，栖息区垫有稻草的猪舍更易发生，因为丹毒杆菌可在稻草中存活。

（2）临床症状

①急性型

这种类型很普遍，表现为突然暴发，急性经过。死亡率高是其主要特点。病猪精神沉郁，高热；不食并呕吐；结膜充血；粪便干硬并有黏液附着。小猪晚期下痢，耳朵、脖子和背部的皮肤发红、紫红。死前，前腋下、股部、腹部出现不规则的鲜红色斑块，指压褪色并相互融合。通常在 3～4 d 之内死亡。病死率大约80%，不死者变为疹块型或慢性型。

哺乳仔猪及刚刚断乳小猪感染猪丹毒后，通常会突然起病，出现神经痉挛、倒地死亡等症状，病程大多在 1 d 以内。

②亚急性型（疹块型）

病比较轻微，前 1～2 d 位于全身的不同位置，特别是胸侧和背部，从颈部到整个身体都呈现边界清晰的圆形和四边形，有热感疹块，通称"打火印"，指压褪色。疹块凸出皮肤 2～3 mm，尺寸 1 到几厘米不等，干后结成褐色痂。病猪出现口渴、便秘、呕吐、体温升高等症状。疹块出现时，体温开始降低，病势也随之缓解，经 1～2 周，病猪自恢复。其主要原因是由于感染了链球菌引起的一种传染病，又称链球菌病或溶血性败血症。病程为 1～2 周。

③慢性型

从急性或亚急性型转变而来，不排除原发性，多见于慢性关节炎、慢性心内膜炎及皮肤坏死等几种类型。

慢性关节炎型猪丹毒以四肢关节炎性肿胀和病腿僵硬、疼痛为特征。患畜站立不稳，行走时步伐不稳，有时跛行。后期急性症状消失，并表现为关节变形，呈一肢或两肢跛行，或卧地不起。病猪饮食正常，但是生长迟缓、体质弱、瘦弱。病程为几个星期或几个月。

（3）防治方法

本病主要是预防注射。用猪丹肺二联苗，母猪每年6月份定期全群普免注射1头份/头，6—9月份出生猪在保育阶段50日龄左右，皮下注射1头份/头，不论体重大小，注射后14 d产生免疫力，免疫期为9个月。

肌注青霉素剂量为小猪80万～160万 IU，中猪200万～300万 IU，母猪400万～600万 IU，每天注射2～3次，也可肌注同等剂量普鲁卡因青霉素每天1次。与链霉素混合注射更好。

3. 猪肺疫

猪肺疫（又名出血性败血症、猪巴氏杆菌病、锁喉风）是由巴氏杆菌引起的猪的急性传染病。

防治方法：同猪丹毒。

4. 猪气喘病

猪气喘病或猪喘气病，又称猪肺炎支原体性，是猪的一种慢性呼吸道传染病。

防治方法：选择疫苗免疫，3 d免疫1次，21 d免疫1次，各1头份/头。此病主要是加强饲养，增强猪的抵抗力；实行自繁自养，防止感染。治疗药物有硫酸卡那霉素注射液、猪喘平注射液、咳喘宁、沙星类，每天每千克体重2万～4万 IU肌注，3～5 d为1疗程。病情轻重常与饲养管理条件、气候因素、病程长短有关，因此，贵在早发现、早治疗。

## 四、种　猪

后备猪，是一个种猪场的前途与希望，所以要格外重视后备猪的管理工作。在我国养猪生产中，由于受饲养环境等因素影响，猪只出生后往往会发生一些非传染性疫病。后备猪对于许多疾病缺乏免疫力，所以未必可以用初乳来保护仔猪，甚至可能会把疾病扩散到他们的下一代。例如，后备母猪支原体阳性率高达70%，而2～4胎母猪支原体阳性率仅为40%；增生性肠病（回肠炎）发病率亦显著高于经产母猪。后备猪主要存在繁殖障碍问题，可由环境因素、营养、饲养管理不到位所致，当然，最重要的是某些传染病的影响。例如，繁殖与呼吸综合征，伪狂犬病，钩端螺旋体病，非典型猪瘟，弓形虫病，附红细胞体病等。如图5-1-1 所示，为种猪。

图 5-1-1　种　猪

### （一）种猪管理要点

通常后备猪要进行两次筛选才算达到标准。在进行第一次挑选时必须慎重，部分猪只有可能会产生过敏反应。在 6—9 月出现生仔猪性成熟比例比在其他时间出生者低 23% 以上。对已患有疾病或者有感染症状的猪只应及时进行治疗，以避免再次发病或死亡。初选之后，配种前应完成二选，那些对疫苗注射过敏、生长较慢、贫血的猪以及在冷水的刺激下皮肤会变得发白、背毛竖立和颤抖的猪只应被淘汰，同时，对一些容易感染疾病进行治疗或预防。配种前多数疫苗接种完毕，例如，猪瘟疫苗、口蹄疫疫苗、细小病毒疫苗，有时连流行性乙型脑炎疫苗也不例外。用药驱逐后备母猪身体内外寄生虫。

饲养管理与催情：控制采食量及体型，不宜太瘦或太肥，否则会发情异常。

药物净化：在后备母猪饲料中添加支原净 100 mg/kg，金霉素 400 mg/kg，配种前用 7~10 d 为宜，能净化支原体、回肠炎、胸膜肺炎及猪痢疾等病菌。另外还可使种猪提高抗病力。配种以后，直至分娩，猪群产量会保持平稳。

传染病造成的繁殖障碍，主要是靠生物安全措施与疫苗接种相结合。在我国许多地区，由于自然因素导致的生殖障碍也是非常普遍的。因环境问题造成的繁殖障碍，可从改善环境、强化管理等方面加以防治。若因气温过高而流产，可采用滴水降温、减少密度、加大通风等措施达到目的。母猪从配种开始至胚胎着床前，对高温尤为敏感，这时要注意降温，另外，还可采用药物防暑。严格按规定喂养，让猪只体型保持规范。怀孕后期，可减少精料或多喂粗饲料。如在 80 d 前进行限饲，后期强化营养。营养必须均衡，重视维生素 A 和维生素 D 的补充。

### （二）疾病防控

#### 1. 细小病毒病

细小病毒病主要危害前三胎母猪，做好后备母猪的防疫工作尤为重要。后备配种前免疫两次，检测无免疫抗体，淘汰处理。

#### 2. 猪乙型脑炎

猪乙型脑炎主要发生在蚊蝇出现的季节，每年四、九月份多发，在三月底、八月底对母猪群免疫 1 次，猪群可避免乙型脑炎的发生。保证后备猪在配种前免疫 2 次，再进行配种。

猪病种类繁多，应在不同环节对猪病进行有效防治，不可仅仅依靠疫苗和药物，一定要与提高饲养管理相结合。对于规模化养猪场来说，疫病预防主要是通过免疫接种来实现，而免疫接种的关键是正确选用和合理使用疫苗。无论什么药物，唯有合理利用，才会收获理想的效果。对于持续生产的猪场而言，要控制传染性疾病疫情，严格执行每个环节的全进全出。如果不进行科学免疫接种和消毒处理，就很难保证生猪健康生长。防患于未然会使猪场生产成本大幅度降低。

# 第二节　猪类主要疾病的防治技术

## 一、高热症候群

### （一）猪高热症候群类疫病流行特点及临床表现

#### 1. 流行特点

各日龄、各品种猪都能感染发病，发病率及病死率多随生长期变化而变化。

哺乳仔猪病死率高达 100%，保育阶段病死率高达 80%，生长育肥阶段，病死率高达 30%，母猪死亡率一般为 10%。有的成活病猪明显存在发育障碍，成为僵猪。疫情蔓延迅速，具有显著流行性和传播性。通常情况下，一个猪舍出现疫情流行，3～5 d 内蔓延至全猪群，1～2 周后蔓延至猪场并扩散到周边地区。由于病毒种类繁多，变异速度快，对外界环境抵抗力强等特点，导致该病很难被消灭，给养猪业造成了巨大经济损失。以生物安全控制措施差的散养户、中小型猪场发病较多。最初是在散养中最先流行并出现的，后扩散至中小型猪场、生物安全控制措施存在漏洞的规模化大型猪场及种猪场。

2. 临床表现

由于并发和继发病原不同、病程长短不一，个体差异较大等原因，不同病例在临床表现上亦有一定差别，概括起来，有以下几种表现：①体温的表现：发病猪的体温上升到 41～42℃，大多呈稽留热。呼吸加快，心跳增快，有时伴有气喘和咳嗽等症状。②精神状态和食欲表现：精神通常是沉郁的，食欲减退，甚至废绝；饮水减少、喜欢扎堆或者卧地不起；部分病例出现神经症状；有些会表现出关节炎症状，少数猪经过治疗病情有所减轻或好转。③呼吸表现：有的病例会出现明显的呼吸道症状，表现为呼吸困难，气喘，流涕，喷嚏，咳嗽。④皮肤表现：部分病例见全身皮肤红肿或局部呈紫红色；有些病例全身或局部皮肤黄疸；有些病例全身皮肤发绀，也可见到局部皮肤发绀、黄染等，肢体末端部位发绀，甚至坏死；部分病例可见到皮肤出血点和出血斑，疹斑或者毛孔出血。⑤眼部表现：部分病例可表现为眼结膜发红或发白，或为黄染，或为脓性，出现泪斑或者眼睑肿胀。⑥排便表现：部分病例可表现为便秘，或腹泻，或先便秘后腹泻，或先泻下再便秘，或者泻秘交替，下痢不止；小便黄、少、混浊。⑦繁殖母猪的表现：部分病例见繁殖障碍，妊娠各期母猪都有可能染病，出现流产和产出死胎等现象，死胎多充血发红。⑧病程表现：患病猪的病程通常在 1～3 周内，多在病后 5～7 d 开始有死亡，病程稍长些的猪只，浑身苍白，衰竭，被毛粗而杂乱，病猪后四肢乏力，站立不稳，最后浑身痉挛死亡。病程不超过 3 周。部分猪只能耐受，并逐步恢复。

**（二）引发猪高热症候群类疫病流行的主要病原**

能引发猪高热症候群类疫病流行的病因有很多，主要病原与防治方法如表 5-2-1 所示。

表 5-2-1 引发猪高热症候群类疫病流行的主要病原与防治方法

| 主要病原 | 防治方法 |
|---|---|
| 猪瘟 | 严格检疫，定期防疫 |
| 猪流行性感冒 | 猪舍保持干燥，冬季防寒保暖，采用药物＋对症疗法 |
| 猪蓝耳病（猪繁殖与呼吸综合征） | 尚无特效药物治疗，可适当使用抗菌药物 |
| 猪附红细胞体病 | 加强卫生，防止昆虫寄生和侵害 |
| 猪丹毒 | 定期注射猪丹毒菌苗 |
| 猪中暑（热射病） | 及时采用药物 |
| 猪弓形体病 | 猪弓形体（虫）病的有效治疗主要是磺胺类药物 |

1. 猪 瘟

猪瘟，俗称"烂肠瘟"，它是猪瘟病毒所引起的一种急性、发热性和接触性传染病。猪瘟流行性广、传染快、死亡率高，本病只有猪发生，不论年龄大小和性别。病猪是本病的主要传染源，由粪、尿和各种分泌物排出病毒，可通过被污染的饲料和饮水、人、动物、车辆、工具等传播病毒。常与多种细菌病毒性疾病，如副伤寒、肺疫、蓝耳病、伪狂犬病等相互继发感染，故临床上表现极其复杂，对养猪生产威胁极大。

（1）症状

猪患猪瘟病毒后，经 4～21 d 潜伏期后即可发作。根据疾病发作时间的长短，猪瘟有最急性、急性和慢性 3 种类型。最急性多为初发、散发，突然死亡，难见任何临床和剖检症状。急性是常见的一种，症状是：减食、精神差、喜卧、寒战、体温升高、眼结膜发炎，有脓性眼屎。病初便秘，粪呈球状，表面发黑，后期腹泻，并有带有黏液。猪耳后、腹部、腹内侧、前后肢内侧红斑，指压不褪色。公猪包皮积尿，仔猪有神经症状。急性病例多在 7 d 左右死亡，不死的病猪转为慢性。一般病程超过 1 个月即称为慢性型。由急性转变为慢性，表现为：衰弱、消瘦、咳嗽、食欲不振，以腹泻为主，有时便秘；病猪的耳尖、尾根和四肢的皮肤坏死甚至干脱。由毒力较弱的猪瘟病毒感染的猪只，潜伏期较长，症状轻微，体温略升高，皮肤无出血变化，常有肺部感染和神经症状。

剖检发现淋巴结肿大，黏膜及皮下有大小不一的出血点或出血斑。肾脏呈土黄色，表面散布有大小的出血点。胰脏边缘有紫黑色的坏死灶。病程稍长的病猪，在回盲瓣附近和盲肠、结肠黏膜上可见纽扣状溃疡突出于黏膜表面。

（2）预防

自繁自养，以免购入带有病毒的猪，猪的进出要严格检疫。做好饲养管理和环境卫生工作，喷洒 2% 火碱定期消毒。定期防疫注射猪瘟弱毒疫苗，4～7 d 后可产生抗体，免疫期可达 1 年。仔猪要注射 2 次，即断奶时 1 次（断奶 1～7 d），70 日龄时 1 次。

（3）治疗

发病初期可用抗猪瘟血清治疗。一般要每天注射 1 次，连续 2～3 次。

2. 猪流行性感冒

猪流行性感冒是猪特有的一种季节性传染病。其特征为突然发病，迅速蔓延全群猪只，主要表现为发热，肌肉或关节疼痛及上呼吸道炎症。病猪和病愈带毒猪是传染源，主要通过呼吸道传染。一般良性经过，可自愈，有并发症时可引起死亡。

本病对不同年龄、性别、品种的猪都能感染。具有明显的季节性，一般都发生于秋季或早春和冬季，发病突然，传播迅速，造成流行，但死亡率不高。

（1）症状

本病潜伏期 2～7 d。体温突然上升至 40～41.5℃，最高达 42℃。病猪精神不好，减食或不食，有时呼吸急促、咳嗽、流清鼻涕。

（2）防治

猪舍保持干燥，冬季防寒保暖。用 10%～20% 的石灰乳或 5% 的漂白粉混悬液消毒猪舍、食槽等养猪设施。本病尚无特效治疗药物，一般采用对症疗法。可肌注 30% 安乃近 3～5 mL 或口服阿司匹林 2～4 g。可用金银花、连翘、黄芩、柴胡、牛蒡子、陈皮、甘草各 9～15 g 煎水喂服。肌注 2% 氨基比林 10 mL 或百尔定 5～10 mL 或青霉素 240 万～480 万 IU 或内服磺胺类药、土霉素，还可注射四黄素注射液、复方柴胡注射液、复方板蓝根注射液。

3. 猪蓝耳病（猪繁殖与呼吸综合征）

本病是由致病性病毒引起猪严重繁殖障碍的疾病，简称 PRRS 或蓝耳病。特征为母猪怀孕后期流产、死胎、弱仔，另外，所有年龄段的猪只均具有呼吸道症状。其流行特点为：第一，不同年龄品种、性别的猪都可感染，但症状有差异，危害不相同，病猪与健康易感猪直接接触，是主要的传播方式，带毒公猪可通过精液传播，经空气和机械性的传播途径亦不可忽视；第二，在新疫区的传播极其迅速，一个猪场或地区，一旦传入基本无法控制，一般的消毒隔离措施都无济于事。但流行过程较缓慢，在较大的猪场可持续 10～12 周；第三，无明显季节性，但在通风不良、环境潮湿，舍温过高或过低等应激因素的长期影响下可引起猪群暴发流行；第四，流行过后的猪群产生很强的免疫力。

（1）症状

首次感染的猪群，呈暴发性流行，临床上经过 3 个时期。

初期：体温升至 41℃左右，稽留，病猪厌食。嗜睡，眼结膜充血，鼻流黏液，腹部皮肤潮红，大便干硬，小便发黄，很像流感的症状，退热只能暂降温，抗菌药物治疗无效。肥育猪和后备公猪的症状较轻，发病率不高，3～4 d 后即使不予治疗也能自然康复。种公猪、妊娠和哺乳母猪的病程较长，需 1～2 周，发病率达 80% 以上，若有严重的并发感染可能导致部分猪只死亡。

高峰期：种公猪出现性欲下降，妊娠母猪发生早产、死胎、木乃伊胎和弱仔，特别是怀孕后期，这种现象更严重，流产率可达 30%～50%。由于患病母猪的泌乳量下降和母乳带毒等因素，哺乳仔猪几乎 100% 感染，表现为体温升高，呼吸困难，腹泻，消瘦，被毛无光泽，病猪离群独处或打滚，有的伏卧在母猪背上昏睡，有的病猪后腿震颤，共济失调，眼睑水肿，病死率达 80% 以上，幸存者亦为僵猪。断奶猪发病率达 60% 以上，病猪体温升高、食欲下降、腹泻、消瘦、呼吸困难，仅可见到少数病猪的耳尖和下腹部皮肤出现蓝紫色，有的出现跛行，关节炎和局部脓肿，病死率可达 80%。

末期：母猪流产、死胎逐渐减少，仔猪的成活率开始升高，流产后的母猪大多都能正常发情、配种和受孕，但种公猪的精液严重受损，出现无精、异常精子，需较长时间才能恢复。全场猪群生长减慢，健康状况下降，还有一些病增加，如猪瘟、伪狂犬病、圆环病毒病、萎缩性鼻炎、肺炎、链球菌、大肠杆菌、气喘病及其他并发感染症。剖检病变主要为局部淋巴肿大、肺有出血斑块，呈现肉变或实变，肾表面有小出血点（易误诊为猪瘟）。

（2）防治

目前尚无特效药物治疗，预防措施是进行疫苗免疫，可适当使用抗菌药物，防治细菌性疾病的继发感染。

4. 猪附红细胞体病

猪附红细胞体病，是由于附红细胞体寄生于人类及各种动物的红细胞或血浆内而导致的一种人畜共患传染病。临床上以急性、热性、黄疸性贫血和皮肤潮红为主要特征。因此又称黄疸性贫血或红皮病，目前正值本病高发时期，应予加强防治。

（1）症状

仔猪皮肤黏膜苍白，发热，黄疸。体温 40～42℃，精神、食欲不佳，怕冷，打颤。先便秘后腹泻。前期皮肤红（耳、腹部）、后期苍白，黄疸。呼吸促迫，心悸亢进，血尿。1 日至数日自然恢复或成僵猪。母猪急性型：持续性高热 40～41.7℃，减食或不食，产后奶少，渐自愈；慢性型衰弱，黏膜苍白，黄疸，不发情或屡配不孕。

（2）防治

加强卫生，防止昆虫寄生和侵害。每吨饲料中添加金霉素 48 g，或每 1 000 mL水中添加金霉素 50 mg，均有预防作用。治疗方法如下：①贝尼尔粉针注射；②长效土霉素注射；③磺胺类药也有一定疗效，治疗时配合补铁制剂或维生素 B。

5. 猪丹毒

猪丹毒是一种急性传染病，又称打火印。通常呈高度发热的败血症。典型病例有特征性疹块，慢性病例多为非化脓性关节炎症状。3～12 月龄猪发病最多。南方夏、秋季，北方夏、冬季发病多。潜伏期为 1～8 天。

（1）症状

败血型猪丹毒（最急性型）：最急性的病猪突然死亡。体温猛增高至 42℃以上，减食或不食，或食后几小时突然死亡。眼结膜潮红，病初粪便干燥，后期下痢，卧地不起，发病不久后，在耳后、颈部、四肢内侧皮肤出现各种形状红斑，渐呈暗紫色，指压褪色，松手即复原。严重时后肢麻痹，呼吸困难，寒战。经 3～4 d，死亡率达 50%～80%。剖检以实质器官大出血为主，心、肺、肾严重出血，肝脾肿大并出血。

疹块型猪丹毒（急性型）：病猪病初减食，精神不好，体温升高至 41℃以上便秘，呕吐，经 1～2 d，在背、胸侧、颈部及四肢外侧皮肤出现深红色大小不等的方形或菱形疹块，俗称打火印，初期坚硬，后变为红色，多呈扁平突出，界限明显，后成痂皮。病程 8～12 d。

慢性猪丹毒：病猪体温正常或稍高，有的四肢关节肿胀，跛行；有的心跳加快，呼吸急促，咳嗽；有的坏死、结痂，耳及腹部呈青紫色，经 1～2 月死亡。剖检见心脏二、三尖瓣异物沉积，形成"菜花心"，即疣性内膜炎。

（2）防治

定期注射猪丹毒菌苗，以预防此病。如已发病，肌内注射青霉素，体重 20 kg 以下的猪用 80 万～200 万 IU，体重 20～50 kg 的猪用 160 万～480 万 IU，体重 50 kg 以上稍增加注射用量，用蒸馏水或氨基比林稀释，每天注射 2～3 次。链霉素肌注，剂量为每千克体重 50 mg，每日 1～2 次。

磺胺类药物疗法：20% 磺胺噻唑钠溶液肌注 10～20 mL，每隔 5～6 h 注射 1 次。增效磺胺嘧啶或增效磺胺甲氧嗪注射液，肌注，每千克体重 20～25 mL，每日 2 次，连用 1～2 次。柴胡、金银花、连翘、升麻、花粉、薄荷、白芷各 10 g，白芍、甘草各 6 g 共研细末，50 kg 体重的猪分 2 次内服。

6. 猪中暑（热射病）

猪的皮下脂肪较厚，皮肤无汗腺，对高温天气抵抗力很弱。在炎热的气候下，长时间暴晒于日光，关闭于狭小猪舍而通风尚差，车船运输过度拥挤，长途赶运等均可使猪只发生本病。

（1）症状

发病突然，呼吸迫促，心跳加快，体温升高，眼结膜充血，口流白沫，不食，喜饮水，精神不振，步态不稳，大多横卧不起，神志昏迷。严重者呈癫痫症状，高度兴奋。狂暴的病猪一般在几天内死亡，有的突然死亡。

（2）防治

预防措施：①夏季注意防暑；②加强饲养管理，避免发病诱因；③当猪只发病后，应尽快将猪只置于通风、凉爽处；④用凉水浇头及胸部，必要时可用凉水灌肠。

（3）治疗

①昏迷者，将生姜汁、大蒜汁滴鼻或置鼻来刺激鼻腔，引起喷嚏，促使苏醒；②严重中可注射强心剂 10% 安钠咖 50～10 mL；③癫症者可注射氯丙嗪（2 mL/kg 体重）或苯巴比妥钠 0.1～0.2 g；④生石膏 24 g，鲜芦根 60 g，藿香 9 g、佩兰 9 g、青蒿 9 g、薄荷 3 g，鲜荷叶 60 g，煎服（大猪可加倍）。

### 7. 猪弓形体病

弓形体（虫）病，是刚地弓形虫在多种动物细胞中寄生而引起的人畜共患原虫病，本病以病畜高热、呼吸和精神系统症状为主要表现，也有动物死亡，妊娠动物流产，产死胎、胎儿畸形特点。该病多发于断奶仔猪，死亡率可达30%～40%，成年猪很少发生急性发病，多为隐形感染。其传播主要依靠直接接触或间接接触，特别是被污染的饲料、饮水、用具等更容易受到感染。弓形虫可以经消化道、呼吸道、皮肤和其他各种方式感染动物。另外，胎内感染亦广泛存在。病畜及带虫者全身各部位的组织、分泌物、排泄物皆可能是弓形虫传染源。值得一提的是，猫是弓形虫的终宿主，对弓形虫病传播具有重要影响，需要预防。

（1）症状

因染病猪只年龄及被弓形虫染病次数，染病方式而异，它的临床表现及致病性亦不尽相同。通常感染后潜伏期为3～7 d，表现出与猪瘟极为类似的病症，体温上升到40～42℃，稽留7～10 d，病猪精神不振，食欲下降到废绝状态，经常喝水，伴有便秘或下痢、后肢乏力、走路抖动、喜躺卧等症状，也有鼻镜干、被毛逆立、结膜潮红的现象。有时可见眼窝周围发绀，眼睑下垂，四肢麻痹，站立困难甚至卧地不起。耳朵和鼻子随病程进展而变化，后肢股内侧及下腹部肌肤出现紫红色斑或出血点。严重时会出现呼吸困难，甚至死于呼吸窒息。

急性发作耐过的病猪通常在两周后食欲逐渐回升，体温渐渐下降到正常水平。如果不及时治疗或治疗不当，则容易发生死亡。但常常遗留咳嗽、呼吸困难和后躯麻痹、斜颈、癫痫样痉挛和其他精神症状。

怀孕母猪如果出现急性弓形虫病，呈现高热状态，废食，精神委顿，昏昏沉沉。这种病症持续几天就会流产或死胎。甚至产出的活仔出现急性死亡或者发育不全、不吃奶、畸形怪胎等现象。但是母猪往往在产后很快就会自愈。发病后期病猪体表，特别是耳部和下腹、后肢、尾部等部位，由于淤血、皮下渗出性出血，出现紫红斑。内脏病变多以肺、淋巴结及肝为主，脾、肾、肠较少。肺部表现为大叶性肺炎、暗红色、间质变宽，含有多量浆液，扩张为无气肺，切面排出大量泡沫浆液。全身淋巴结可见大小出血点，坏死点呈灰白色，特别是腹股沟部及肠系膜淋巴结最明显。肝肿胀，可见散生针尖到黄豆大小灰白色或灰黄色的坏死灶。脾脏发病初期明显肿大，出血点较少，晚期缩小。肾表面及切面上出现针尖大出血点。肠黏膜增厚、糜烂，由空肠到结肠出现出血斑点。

（2）防治

对猪弓形体（虫）病，目前疗效较好的药物为磺胺类药物。磺胺嘧啶（SD）70 mg/kg+ 甲氧苄啶（TMP）14 mg/kg，每日两次，连用 3～5 d。磺胺嘧啶（SD）70 mg/kg+ 二甲氧苄氨嘧啶（DVD）35 mg/kg，每日 2 次，连用 3～5 d。复方磺胺嘧啶钠 0.2～0.3 mL/kg，每日 1 次，连用 2～3 d。以上三种剂量均为治疗用的抗菌药，在猪群中可根据具体情况酌情使用，但不可滥用。预防措施如下：猪舍经常保持清洁，定期消毒，且常灭鼠、禁猫，以防饲料、饮水污染。对有传染性疾病的猪应及时隔离治疗。药物混饲防治措施如下：磺胺 6- 甲氧嘧啶 25 g/t+ 甲氧苄啶（TMP）100 g/t+ 碳酸氢钠 1 000 g/t，连用 3～5 d。

## 二、呼吸系统症候群

### （一）流行特点

猪呼吸系统症候群猪病的发生和流行日趋严重，病猪及带毒（菌）猪是传染源，主要经呼吸道传播，断奶至出栏的商品猪均易感。可以垂直传播和水平传播。全年均可发生，秋末、冬初和早春气温骤变的季节，在通风和保温不协调的情况下容易暴发，而且危害严重；夏季病例多伴发胃溃疡。该病多暴发于 6～10 周龄保育猪和 13～20 周龄的生长育肥猪。发病率一般为 30%～70%，发病猪死亡率一般为 6%～14%，严重者可达 20%～90%，造成巨大的经济损失，现已成为制约养猪业发展的重要疾病。

### （二）临床症状表现

病猪精神沉郁，体温升高，食欲下降或废绝。咳嗽、呼吸困难（腹式呼吸）。眼结膜发炎，眼分泌物增多。急性发病的猪可突然发生死亡。大部分猪由急性变为慢性，表现生长缓慢或停滞，消瘦，死亡率上升。耳朵、嘴筒、眼圈、肛门、尾巴、四肢末端及皮肤不同程度发绀。所有病猪均出现不同程度的肺炎（弥漫性间质性肺炎）或广泛性、多发性浆膜炎。夏季死亡猪大部分出现胃溃疡。但因病因不同，其临床表现也不同：猪蓝耳病双耳、口鼻、外阴、尾部皮肤发绀，呈现"蓝耳"特征，易出现流产或早产，产下木乃伊胎、死胎和病弱仔猪，死产率可达 80%～100%。猪流感病猪流清水样鼻液和打喷嚏等症状也是其他病猪没有的临床症状，而且其传播快，多呈一过性经过，往往可在一两天内波及全群。猪肺疫、猪传染性胸膜肺炎主要表现为呼吸极度困难，呈犬坐势用腹式呼吸。传染性萎缩性鼻炎主要表现为鼻炎症状，有喷嚏、打鼾声，流浆液性、黏液性或脓性分泌物，摇头，拱地，搔抓或摩擦鼻部，吸气时鼻孔开张，张口呼吸严重，经 2～3 个月后，鼻部、面部变形，鼻端向上翘起或鼻盘歪向一侧。气喘病病症主要表现为连续性的咳嗽，呼吸加快，呈腹式呼吸，张口喘气，有明显的喘鸣声。感染猪链球菌 2 d 内，部分病猪出现多发性关节炎、跛行、共济失衡，磨牙、空嚼、多昏睡等神经性表征。

### （三）引起呼吸系统症候群的主要猪病

#### 1. 猪圆环病毒病

猪圆环病毒病是指以 2 型圆环病毒为主要病原，单独或继发混合感染其他致病微生物的一系列疾病的总称。主要有幼猪断奶后的多系统衰竭综合征（PMWS）、皮炎肾病综合征（PDNS）、猪呼吸道疾病综合征（PRDC）、繁殖障碍、先天性震颤、肠炎等。

（1）症状

本病常见于 6～16 周龄的仔猪，其中，8～12 周龄的仔猪最常见，主要表现为渐进性消瘦，生长迟缓，被毛粗乱，喜堆一起，精神沉郁，食欲减退，呼吸急促，衰竭无力皮肤苍白，有时可见黄疸。患猪腹泻，进行性消瘦。体表淋巴结增大。该病的发病率与死亡率差异较大，急性暴发时，死亡率可高达 20%～40%。本病常与 PRRS、猪伪狂犬病、猪细小病毒病、猪喘气病等疾病混合感染，故临诊表现多样。

患猪消瘦、苍白，有时黄疸，脾脏肿大，肾脏有时肿胀，并出现白色斑点。肺脏呈弥漫性间质性肺炎，质地较硬似橡皮，肺表面呈灰色至褐色的斑驳状外观。腹股沟淋巴结、肠系膜淋巴结、支气管及纵隔淋巴结等显著肿胀，切面呈均质土黄色。有时淋巴结皮质出血，胃肠黏膜充血出血。

不同的猪场病理变化不同，这与混合或继发感染的类型有关。组织学变化，肺呈局灶性或弥漫性间质性肺炎。淋巴组织可见多灶性凝固性坏死。肾脏、肝脏、胰脏等组织呈现不同程度的淋巴细胞浸润，实质器官变性。

（2）防治

猪患圆环病毒病后，目前免疫接种及抗生素治疗均未取得显著疗效，仅能降低继发细菌感染，唯一方法是改进饲养管理方法，保持栏舍的整洁干燥。

①抓住关键时期。仔猪断奶后 3～4 周是预防圆环病发生的关键时期。

②减少断奶仔猪的应激。减少早期断奶和断奶后因换饲粮导致的应激；降低断奶后并圈并群应激；减少饲养密度，提供舒适的环境。

③强化猪场的生物安全。减少后备母猪的购入数量；断奶仔猪舍在进猪前必须严格清洗消毒，同时执行全进全出的饲养制度；提倡各猪舍和猪舍之间实行脚浴消毒制度。

④全面实施严格的防疫制度。此外，有实际证据表明，某些品种或品系的仔猪比其他品种或品系的猪只更易患猪圆环病毒病，需要在实际工作中引起注意。

⑤预防方法推荐：断奶仔猪口服七味黄芪，或注射黄芪多糖注射液，以提高免疫力及抵抗力；用阿莫西林拌料以防细菌继发感染。

2. 猪气喘病

猪气喘病，简称猪喘，也叫猪支原体肺炎，是猪慢性呼吸道传染病之一。猪肺炎支原体主要分布在感染猪呼吸道、肺组织、肺门淋巴结与纵隔淋巴结之间，以病猪、带菌猪为主要传染源。传播途径如下：呼吸道传播，直接接触传播及飞沫传播等。感染早期猪肺炎支原体在气管，支气管表面均有分布，且可以破坏黏膜的纤毛屏障，引起支气管和血管周围淋巴样细胞的增生；感染猪对猪肺炎支原体产生的免疫应答，主要出现在疾病晚期（感染后 15～20 周），这表明该感染有一定免疫抑制作用。

（1）症状

咳嗽、气喘。开始为短声连咳，天冷时咳嗽更多，气喘严重时呼吸次数每分钟可达 60～80 次，呈明显腹式呼吸，心跳随呼吸增加而加快。食欲、体温一般变化不大。病至后期时气喘加重，精神萎靡，身体消瘦，减食或停食。

（2）防治

此病主要是加强饲养，增强猪的抵抗力；实行自繁自养，防止感染。治疗药物有硫酸卡那霉素注射液、猪喘平注射液、咳喘宁、沙星类，每天每千克体重 2 万～4 万 IU 肌注，3～5 d 为一疗程。盐酸土霉素注射液，每天每千克体重 25～50 mg

肌注，连用 5～7 d。金霉素注射液，每天按每千克体重 25～40 mg 肌注，连用 5～7 d。得米先、泰乐菌素等均有一定疗效。本病药物虽有一定效果，但不易根除病源。病情轻重常与饲养管理条件、气候因素、病程长短有关，因此贵在早发现、早治疗。

### 3. 猪萎缩性鼻炎

该病为支气管败血波氏杆菌所致的一种慢性传染病。特征为鼻梁变形、鼻甲骨下卷曲鄂发生萎缩和生长迟缓。任何年龄段的猪只均可被感染，但以幼猪为主。除猪外，人和其他动物亦能引起鼻炎和支气管炎。病猪、隐性带菌猪是本病的传染源。

（1）症状

病初出现喷嚏，继而鼻流脓性鼻液，常于硬物上拱鼻端。有时鼻孔出血，鼻腔短浅或弯向一侧。眼角流泪、黏附尘埃，形成泪痕。剖检可见鼻甲骨和鼻中隔变形，鼻腔黏膜充血水肿，有脓性物蓄积。

（2）防治

通常采用药物拌料喂法：①磺胺二甲基嘧啶，每吨饲料 100～450 g，连喂3～4 周。②每吨饲料抖入磺胺二甲基嘧啶、金霉素各 100 g、青霉素 50 g，连喂3～4 周。

### 4. 猪链球菌

本病是由猪链球菌引起的多个疾病总和，其中，败血性链球菌病的危害最大，以淋巴结脓肿和关节炎最为多见。

（1）症状

猪败血性链球菌病是由 C 型兽疫链球菌引起的急性败血性传染病。本病四季均常发生，但 5～11 月更为多见。病猪和病愈带菌猪是主要传染源，大小猪均可感染得病。急性败血型和脑膜炎型的死亡率很高，能给生产带来较大损失。潜伏期为 1～3 d。表现为急性败血症、亚急性型和慢性型以及脑膜脑炎型多种类型。

①急性败血症：突然发病，体温升高达 41～43℃，食欲不振或废绝，粪便干燥。出现浆液性鼻液和眼结膜潮红。2 d 内部分病猪出现多发性关节炎、跛行，以及共济失衡、磨牙、空嚼、多昏睡等神经性表征，伴发呼吸困难，常于 1～3 d 内死亡。

②亚急性和慢性型：体温高低不一，一肢或多肢关节肿大，跛行或不能站立。

③脑膜脑炎型：多见于哺乳或断奶不久的仔猪。病初发热、不食、便秘、鼻塞。随后出现前肢高举或四肢不济、转圈、空嚼、磨牙等神经症状。继而四肢麻痹，常呈游泳状和神经错乱状。部分病猪伴多发性关节炎。或可发生急性死亡，病程长的猪在头、颈、背等部位出现水肿。

剖检可见鼻黏膜充血。喉头、气管充血，伴有大量泡沫。肺充血肿胀。全身淋巴结充血、出血、肿大。有浆液性或出血性心包炎，或胸腔、腹腔有浅黄色渗出液，或纤维素性炎症。脾肿大，柔软而易脆裂。肾脏轻度肿大，充血和出血。胃和小肠有不同程度的充血和出血。脑膜充血、出血或溢血，切面可见针尖状出血小点。慢性病例内脏器官或有化脓性病症。

（2）防治

①青霉素每千克重2万～10万 IU，肌注，日2次；②链霉素每千克体重2万～4万 IU，肌注，每日2次；③磺胺-5-甲氧嘧啶10～20 mg 或20%的磺胺嘧啶10～20 mg，肌注，每日2次。

5. 猪肺疫

猪肺疫（又名出血性败血症、猪巴氏杆菌病、锁喉风）是由巴氏杆菌引起猪的急性传染病。主要特征为败血症，咽喉及其周围组织急性炎性肿胀或表现为肺、胸膜的纤维蛋白渗出炎症。本病的潜伏期为1～3 d，有时可达5～15 d。

（1）症状

本病症状主要为体温升高41℃以上，呼吸困难，呈犬坐势，短干性咳嗽，可视黏膜充血，眼结膜发炎并有脓性眼屎。胸部和前肢水肿，在耳部、颈部、腹部、四肢内侧皮肤出现红色斑点。死亡率在70%左右。慢性病猪体温一般正常，主要为咳嗽、呼吸困难或气喘，有时食欲不佳，病猪营养不良，发生慢性关节炎。剖检为实质器官出血，心肺水肿、充血，肺部有黄豆至蚕豆大的出血斑为特征性病变。

（2）防治

本病主要是预防注射。用猪肺疫（菌）苗皮下注射5 mL，不论体重大小，注射后14 d 产生免疫力，免疫期为9个月。

肌注青霉素，剂量为小猪80万～160万 IU，每天注射2～3次。肌注链霉素，将 100 万～400 万 IU 溶于灭菌蒸馏水中，大猪 1 次肌注，仔猪减半，每 6 小时注射 1 次，与青霉素混合注射更好。注射（或内服）土霉素（或金霉素），每千克体重取用 30～40 mg，溶于注射用水，肌注每日 2 次，连续 2～3 天。肌注 20% 的磺胺嘧啶钠液体，体重 50 kg 的猪第一次注射 10～20 mL，以后每隔 8 h 注射 5～10 mL。

### 6. 猪传染性胸膜肺炎

猪传染性胸膜肺炎是由胸膜肺炎放线杆菌引发的一种高度传染性呼吸道疾病，也叫猪接触性传染性胸膜肺炎。主要表现为急性出血性纤维素性胸膜肺炎，慢性纤维素性坏死性胸膜肺炎，急性型表现为高死亡率，成了猪细菌性呼吸道疾病中一种重要的疾病。该病一年四季均可发病，特别在冬春季节流行较为严重，尤其对哺乳阶段的母猪危害较大，常给养猪业造成重大经济损失。不同年龄，不同性别的猪均存在易感性，以 6 周龄至 6 月龄猪发病率高，其中，3 月龄的仔猪最容易感染。该病发病常表现为最急性或急性型病程，死亡过程极短，急性暴发的猪群发病率及死亡率通常在 50% 左右，最急性型死亡率为 80%～100%。

病猪及带菌猪为该病传染源。种公猪及慢性感染猪对该病的传播起了非常大的影响。病菌随着呼吸和咳嗽而传播，喷嚏和其他方式产生飞沫，经直接接触，经呼吸道传播。也可以经受病原菌污染的汽车、用具和饲养人员衣服等间接暴露扩散。啮齿类动物及鸟类也可传播此病。

该病发病时带有季节性，多发在 4—5 月份，9—11 月份。饲养环境骤变、猪群迁移或混合，通风不良、湿度过大、气温骤变和其他应激因素都会导致该病的发生，或可加快疾病的蔓延，使得发病率及死亡率升高。

（1）症状

人工感染猪只潜伏期 1～7 d，甚至更长。因动物年龄不同、免疫状态不同、环境因素不同、病原不同以及感染次数不同，在临诊中，将发病猪病程分为最急性型、急性型、亚急性型及慢性型。

①最急性型。突发疾病时，病猪体温上升到 41～42℃，心率加快，精神不振、废食，表现为腹泻、呕吐等短期症状，初期病猪呼吸道症状不明显。后期呼吸异常困难，常呆立或以犬坐姿势张口伸舌、咳喘，出现腹式呼吸等症状。死前体温降低，严重时口鼻内有泡沫血性分泌物排出。病猪在有临诊症状的 24～36 h 之内

死亡。部分病例未见临诊症状，猝死。该类型病死率为80%～100%。

②急性型。体温上升，可达40.5～41℃，重度呼吸困难、咳嗽、心衰。呼吸次数增多，皮肤泛红。出现四肢关节肿胀、跛行等症状，精神不振。食欲减退或废绝，粪便干燥而带血，有腥臭味。因饲养管理等应激条件不同，病程长短不一，因此，同一猪群内可存在病程各异的病猪，如亚急性或者慢性型。

③亚急性型和慢性型。多于急性期晚期发生。病猪微热或无热，体温39.5～40℃，精神沉郁、食欲下降。程度不一的自发性或间歇性咳嗽、呼吸异常、生长缓慢。病程数天到1周，最终或者痊愈，或者在应激条件下症状恶化，浑身肌肉发白，心跳增快，猝死。

病变以肺及呼吸道为主，肺质紫红，肺炎常为双侧性，且大多位于肺心叶处，尖叶、膈叶也有病变，且和正常组织的界限明显。死病猪气管、支气管内布满泡沫状、血性黏液和黏膜渗出物等。发病后期病猪鼻子、耳朵、眼睛和后躯的皮肤呈现紫斑现象。

（2）治疗

临床上对该病的治疗可采用氟苯尼考肌内注射，或胸腔注射治疗，可持续3 d以上；饲料中掺入氟苯尼考、支原净、多西环素或北里霉素，连续服药5～7 d后效果良好。

（3）预防

①首先，要加强饲养管理。定期给猪驱虫、治病，防止疾病传播和流行。严格执行卫生消毒措施，注重通风换气，使舍内空气清新。降低多种应激因素的危害，保证猪群营养水平充足且平衡。

②强化猪场生物安全措施。引进无病猪场的公猪或者后备母猪，预防带菌猪的传入。采取"全进全出"的饲养模式，出猪时，栏舍要进行全面的清洗和消毒，空栏一个星期才再次投入使用。当新引进的猪或者公猪中混有1个猪副嗜血杆菌侵染猪，应免疫接种疫苗，口服抗菌药物，在目的地隔离一段时间，然后逐渐混合。

对于患有本病的场区，处于混群状态时，在注射疫苗或长途运输之前1～2 d内，应投予敏感抗菌药物，如果饲料中加入适量磺胺类或氟苯尼考、泰妙菌素、泰乐菌素、新霉素及其他抗生素，来开展药物预防，则对于猪群控制发病效果较好。

③疫苗的免疫接种。国内外都有商品化灭活疫苗免疫该病。对怀孕后期或哺乳仔猪采用注射方法。可用本场分离株生产的灭活疫苗防制该病，防治效果较好。

7. 猪副嗜血杆菌病

猪副嗜血杆菌病是由猪副嗜血杆菌诱发的一种严重危害仔猪健康的传染病，以多发性浆膜炎和关节炎为主要特征，死亡率较高，给猪场经济带来巨大损失。

（1）症状

发病猪多处于仔猪保育阶段，以体温升高（40.5～42℃）、咳嗽、精神沉郁、呼吸困难等症状为主。部分患猪没有明显症状而猝死。随着疾病的进展，出现咳喘加重，呼吸促迫，部分鼻孔有脓性分泌物，眼睑皮下水肿等。中后期多数病猪耳朵、腹部和肢体末端等皮肤颜色发绀，指压未褪，终因枯竭而死，死亡率在40%以上。病程渐长，猪只体温多恢复正常，常有食欲减退，消瘦，被毛粗乱，行为以跛行和关节肿胀为主。

剖检可发现浆液性或者纤维素性胸膜炎、腹膜炎、心包炎、关节炎等，心包积液较重，心包内有干酪样乃至豆腐渣样渗出，将心外膜和心脏黏结成"绒毛心"；胸腔内有大量浅红色浆液性、化脓性纤维蛋白渗出，肺表面有大量纤维素性渗出物，附着于胸壁上，心脏、肺脏、胸腔粘连。间质性肺炎具有明显的特点，局部呈对称性肉样改变，肺水肿、全身淋巴结肿大等，切面色泽深红，初步查明是猪副嗜血杆菌病。以附、腕关节为主，关节增大，关节腔中有大量浆液性纤维蛋白渗出。

（2）防治

对猪舍进行彻底的消毒和卫生清理，利用火焰喷灯对猪圈的地面及墙壁进行喷油，然后用百毒杀喷雾干燥灭菌，每日早、晚都进行一次，连续 4 d 喷雾消毒，食槽、水槽用具用氢氧化钠水溶液冲洗，再用水漂洗干净。

强化饲养管理，增加猪群营养需要，为了提高机体抵抗力，降低应激反应，给猪群饮用电解质及维生素 C 6 d。同时给病猪食用青菜、萝卜及其他青绿多汁饲料。

对症治疗，氨苄青霉素注射剂＋鱼腥草注射液，混合肌注，1 d 2 次，连用 3 d。

## 三、繁殖障碍症候群

### （一）流行特点

猪圆环病毒感病主要发生于 6～16 周龄仔猪，尤其在 8～12 周龄，受害猪群发病率为 2%～20%。流行性乙型脑炎为人畜共患急性传染病，在 7—9 月为该病流行高峰。病畜主要通过接触带毒猪及污染水源而被感染。猪蓝耳病各年龄组猪都有发生，母猪、仔猪症状较重，乳猪病死率在 80%～100% 之间，生长猪、肥育猪染病症状较缓和。伪狂犬病多散发，无明显季节性。在猪群中呈地方流行性，冬春季节多发。猪细小病毒病一般呈地方流行或散发，有的在初次感染的猪群中呈暴发流行。钩端螺旋体病常发于温暖地区的夏秋季，呈散发或地方流行，发病率 30%～70%，死亡率低。

**（二）临床症状表现**

猪繁殖障碍性疾病，它以妊娠猪流产、死胎、木乃伊胎，输出无活力弱仔、畸形儿、少仔与公母猪不育症为主。但是由于病因的不同，临床症状表现各异。

（1）猪圆环病毒感染导致猪断奶后患衰竭综合征，病猪以发热、精神萎靡、食欲不振，生长发育不良，渐进性瘦弱，被毛厚而杂乱，贫血、肤色发白，衰弱无力，下痢为主要特征。呼吸症状以咳嗽，喷嚏，呼吸困难为特征。体表淋巴结尤其腹股沟淋巴结增大。典型病例的死猪尸体瘦弱，出现不同程度的贫血，黄疸。其中，以全身淋巴结病变最为明显，尤以腹股沟淋巴结为甚，肠系膜淋巴结、气管、支气管淋巴结、下颌淋巴结增大至 2～3 倍，有的甚至达 10 倍。切面硬度提高，呈现苍白色。如果出现细菌感染，则可见淋巴结炎症及化脓病变。肺内小结节形成并增多。肺肿胀并出现散状、大而凸起的橡皮状硬块，在肺表面出现散在黄褐色斑。重症患者肺泡出血，有些病例肺心叶及尖叶上出现暗红色或褐色斑块。脾中度增大。肾水肿、苍白、被膜下见白色坏死灶，被膜容易剥脱，肾盂周围的组织发生水肿。胃近食管区常形成较大面积的溃疡，盲肠、结肠黏膜淤血、出血，少数情况下盲肠壁水肿，并显著增厚。

（2）猪圆环病毒感染导致的猪皮炎肾病综合征，以胸部和腹部、大腿及前肢大面积皮炎为主要表现，其状如大小紫红斑块，斑块时有融合，皮下水肿表现明显，很少有皮肤病变消失。患猪精神不振，会出现发热现象，不愿活动，不愿进食，食欲废绝或不食。也有的重度下痢、呼吸困难、被毛粗糙杂乱。一般 3 d内病猪就会死亡，有的死亡发生于临床症状初起的 2～3 周内。死亡率约为 15%，但往往更高。剖检见淋巴结，特别是腹股沟淋巴结出血红肿，增大到原来的 3～4 倍。其中最统一的是肾脏病变，以大量点状出血、肿胀为特征。腹腔内可出现积液。

（3）猪圆环病毒感染所致间质性肺炎眼观，病变呈弥漫性间质性，色泽灰红。

（4）猪圆环病毒感染导致繁殖障碍，以母猪返情率升高为特征，怀孕期各阶段流产、木乃伊胎、死产、弱仔现象严重，可以持续几个月。

（5）流行性乙型脑炎以流产、死胎和睾丸炎为主要表现。它的流行特征表现为感染率和发病率较低。猪只往往突然患病，大多数没有明显的神经症状，体温上升至40～41℃时，出现稽留热，连续几天到十几天精神不振、困倦、喜卧不安、食欲降低或废绝，粪便干而坚硬，呈球状，表面多有灰白色黏液附着，小便呈暗黄色。个别猪只后肢稍有瘫痪，走路蹒跚，还有的后肢关节胀痛，跛行。病初体温正常或略有升高。个别有明显的神经症状，视力障碍、头部震颤、乱冲乱撞、后肢麻痹等，最后倒地死亡。妊娠母猪流产、早产，所产胎多为大小不同的死胎、木乃伊胎。所产弱仔体弱多病，伴有震颤、痉挛、癫痫和其他神经症状。母猪发生流产症状迅速缓解，体温及饮食渐趋正常。公猪除了具有一般的病症，发烧后睾丸肿大并伴有热痛，且多为一侧性，但也会存在两侧性，过几天炎症就会消退。病猪在精神上、食欲上无明显改变，总体转归较好，但是有些睾丸萎缩、硬化、性欲下降。

（6）猪蓝耳病的特点是发热、拒食、妊娠晚期流产、死胎与木乃伊胎，幼龄仔猪出现呼吸道症状。生长猪、肥育猪染病症状较缓和。

（7）伪狂犬病的成年猪只症状较轻，孕猪流产或产死胎，哺乳仔猪表现为脑脊髓炎。

（8）猪细小病毒对母猪，尤其对初产母猪的繁殖机能影响较大，其他各年龄段的猪均可感染，一般症状不明显。该病在猪场中广泛存在，但不同品种之间有很大差异。病母猪多次发情、久配不孕、空怀，或产木乃伊胎、死胎、弱仔及外表健康的仔猪，感染公猪性欲和受精率均无显著影响。

### （三）引起繁殖障碍症候群的主要猪病

1.细小病毒病

猪细小病毒病是由于感染了猪细小病毒而导致的，表现为孕猪妊娠早期感染后，造成流产、死产或胚胎死亡、木乃伊化的胎儿。

（1）症状

妊娠30～50 d受感染的猪，多产出木乃伊化的胎儿。50～60 d感染多见死产。

妊娠 70 d 时感染有流产的症状。妊娠 70 以后感染的母猪多数为正常分娩。但是，这类仔猪往往带有抗体或者病毒。如果不能及时治疗，会使其死亡，给养猪户带来巨大经济损失。另外，产弱仔、母猪异常发情、久配不孕等均为本病临床症状。母猪的子宫内膜发生炎症，胚盘发生融化，胎儿在子宫发生溶解、吸收等情况。病毒分离并使用血清进行中和试验、血凝抑制试验和其他检测抗体均能确诊细小病毒对猪的感染。

（2）防治

对未感染猪场，要消除带毒猪的传入，严把公猪精液关，阴性猪可用。初产母猪通常于 9 月龄后配种，使多数处女母猪增强主动免疫能力。以母猪血清为实验材料，检测血球凝集（HI）抑制作用。如果有阳性结果则要淘汰。H1 滴度小于 1∶256 或为阴性的才允许导入。初次引种时最好与其他猪场同时进行，以保证抗体水平一致。引种后经两周多的严格隔离，再测 HI 阴性的情况，才能混群饲养。若不能及时淘汰病猪，则应对所有仔猪进行紧急预防接种。通过把血清学反应阳性的母猪与老母猪一起投入后备种猪群，或者把处女猪驱赶到污染猪圈中进行养殖等办法，让它被感染，获得免疫力。如果不采取上述措施，难以正常进行繁殖。初产母猪及育成母猪于配种前 1 个月进行猪细小病毒灭活疫苗及弱毒疫苗的免疫接种，经产母猪通常不需要打针。油乳剂灭活苗，一次肌注 3 mL，注射 2 次（间隔 10～15 d），种公猪每 6～7 个月 1 次，此后每年强化免疫 1 次。对于猪舍尤其繁殖猪舍来说，一定要彻底消毒，处理污物。

2. 猪乙型脑炎

本病是由猪乙型脑炎病毒引起、由蚊虫叮咬传播、以 5～6 月龄猪多发为特点的发热性传染病。临床上的特征表现是公猪睾丸肿胀、妊娠母猪流产。本病与猪的品种、性别无关，但与蚊虫有关，因而具有较明显的季节性。母猪死胎、流产多见于初产母猪，发病率为 20%～30%，死亡率低。

（1）症状

母猪突然发病，体温升高至 40～41℃。高热持续不退，可稽留 10 余天。厌食、异食、口渴、结膜发红、粪便干燥、尿液深黄色、口流白沫、转圈、麻痹、关节肿大。妊娠母猪突然流产，或久逾产期而不分娩，公猪常一或两侧睾丸肿大、发炎。初产母猪流产，在流产仔中，有木乃伊胎、有死胎、有全身水肿、有的生后数天痉挛而后死亡，也有能正常成活的。剖检：脑、脑膜显著充血，脑室积液，脊髓膜充血；肝大，贫血，实质部有界限不清的小坏死灶；肾肿大，有坏死；全身淋巴结边缘出血；公猪睾丸肿大，实质全部充血，并在出血中央有灰黄色坏死灶且与阴囊、鞘膜粘连；母猪子宫内膜充血并间有小点出血，胎盘呈炎性浸润。死胎皮下水肿，胸腔及心包积液、混浊，心、脾、肾、肝肿胀，并有小出血点，脑水肿或有萎缩。

（2）防治

①30% 安乃近 5～10 mL 或 20% 氨基比林 5～10 mL 肌注；

②防止继发感染，可适量应用磺胺药物。

③用 10%～25% 葡萄糖 500 mL 补液。

④肌注氯丙嗪 200～500 mg，镇静。

3. 猪子宫内膜炎

母猪子宫内膜炎，即母猪子宫黏膜发炎，是母猪生殖器官一种常见疾病，亦是造成母猪屡配不育的主要因素。此病在我国很多地方都有发生，尤其以集约化养猪场最为常见，给养猪业带来严重的经济损失。

（1）症状

第一，黏液脓性子宫内膜炎。只是损害子宫黏膜。主要表现：①体温上升，食欲减退，哺乳母猪泌乳量下降，阴道内有黏液或黏液脓性分泌物（渗出物）排出。②阴道检查子宫颈轻度张开，子宫颈内有黏液脓性渗出物排出。

第二，纤维蛋白性子宫膜炎。不但损害子宫黏膜，还损害子宫肌层和血管，引起纤维蛋白原大量排出，并且造成黏膜下层或者肌层坏死。主要表现：①体温上升、精神沉郁、食欲下降、阴门有污红色黏膜组织碎片外流、卧地后排泄增加。②若未得到及时处理则持续进展，会导致子宫壁穿孔。或者病理产物通过血液吸收到血管内后，随着血液的流动而达到全身，最后死于全身败血症。

第三，慢性子宫内膜炎。在以上 2 种急性子宫内膜炎没有得到及时处理或者处理不好的情况下，可能会转化为慢性子宫内膜炎。母猪群尤其是经产母猪群部分母猪产后乳量缺乏，食欲下降或不饮食，偶见阴道有透明或淡黄色脓样渗出物流出，断乳时，多次交配不孕，在发情阶段阴道流出渗出物，在这个时候，经子宫灌洗（冲洗物在静置过程中出现沉淀），再配不孕，无其他表现。

（2）防治

防止猪子宫内膜炎的发生，关键是做好卫生与消毒。

①做好栏舍卫生，保持公、母猪体躯清洁卫生。

②采精时规范化操作，防止精液污染。

③人工配种或本交时，应对种猪外阴消毒清洗，防止病菌进生殖道。

④做好产前母猪体躯清洁卫生工作，对产房和助产器械严格消毒，助产时应卫生操作。

⑤给产后母猪注射阿莫西林 3 g，或青霉素 800 万 IU+ 链霉素 200 万 IU。产后 36～48 h 肌注氯前列烯醇 1 支（注射前先用 5 mL 氯化钠稀释）。

⑥选择优质原料，防止饲料霉变，在饲料中适当添加除霉剂。

# 第三节　鸡类常见寄生虫病防治技术

## 一、鸡球虫病

鸡球虫病是由一种或多种球虫引起的急性流行性寄生虫病，在集约化养鸡场多发且危害十分严重，可造成极大的经济损失。该病在全球普遍发生，尤其危害 10～30 日龄的雏鸡和 35～60 日龄的青年鸡，发病率高达 50%～70%。

### （一）常见症状

球虫病由于感染的球虫种类和侵害部位不同，常见症状也不相同。急性型病鸡常见雏鸡发病。雏鸡突然排出大量的鲜血便，病鸡初期精神沉郁，消瘦，羽毛蓬松，嗉囊胀满，食欲减退甚至废绝，战栗，扎堆，体温下降或正常，鸡冠和可视黏膜贫血、苍白，肛门沾有血污。随后，由于自体中毒出现两翅下垂、麻痹、痉挛、共济失调等神经症状。多数病雏于排血便 1～2 d 后死亡，感染 10 d 不死者可迅速康复。如不及时采取措施，致死率可达 50% 以上。

慢性型常见于 2～4 月龄的雏鸡或成年鸡。临床症状基本与急性型相似，但症状较轻，病程较长，可达数周至数月，病鸡消瘦较重，排出带血液或黏液的粪便。产蛋鸡感染后，间歇性下痢，产蛋量下降。如图 5-3-1 所示，为鸡球虫病症状。

图 5-3-1　鸡球虫病症状

剖检可见病变主要发生于肠道。根据感染的虫种不同，侵害肠道部位和严重程度也不相同。柔嫩艾美耳球虫主要侵害盲肠。可见盲肠高度肿大，为正常形态的 3～5 倍，肠腔中充满血凝块或新鲜的暗红色血液及脱落的黏膜碎片。患病后期盲肠中的血液和脱落黏膜逐渐变硬，形成红色或红白相间的"肠芯"，并脱落下来。轻度感染时无明显出血，仅见浆膜肿胀等轻微病变。毒害艾美耳球虫主要损害小肠中段。侵害肠段高度肿胀或气胀，可增粗 1 倍以上，肠壁肿胀增厚，充血、出血和严重坏死。肠管中有凝血块或胡萝卜色胶冻状内容物。巨型艾美耳球虫也主要侵害小肠中段。肠管胀气，肠壁增厚，肠内有淡灰、淡褐或淡红色黏稠内容物。堆型艾美耳球虫感染后病变主要集中于十二指肠，受损肠段出现大量淡白色斑点。病情严重时肠壁增厚，病灶融合成片。和缓艾美耳球虫和早熟艾美耳球虫均主要损害小肠前段，病变一般不明显。

若多种球虫混合感染，则肠管粗大，肠黏膜上有大量出血点，肠管中有大量带有脱落肠上皮细胞的紫黑色血液。

（二）病因解析

鸡球虫病的病原体为艾美耳科艾美耳属的球虫。世界各国已记载的鸡球虫种类有 13 种，我国已发现并得到公认的有 7 种，分别是：柔嫩艾美耳球虫，寄生于盲肠，致病力最强；毒害艾美耳球虫，寄生于小肠前 1/3 段，致病力强；巨型艾美耳球虫，主要寄生于小肠中段，有一定的致病作用；堆型艾美耳球虫，寄生于十二指肠及小肠前段，有一定的致病作用；和缓艾美耳球虫，寄生在小肠前段，致病力较低；早熟艾美耳球虫，寄生在小肠前 1/3 段，致病力低；布氏艾美耳球虫，寄生于小肠后段、盲肠根部，有一定的致病力。

鸡球虫的发育要经过 3 个阶段：无性阶段、有性生殖阶段和孢子生殖阶段。本病的发生主要是因为鸡吞噬了感染性卵囊，凡被带虫鸡污染过的饲料、饮水、土壤和用具都可能有卵囊存在。另外，人、衣服、用具等以及某些昆虫也可机械传播球虫。气候潮湿、多雨、气温较高时鸡群最易发病，而饲养管理条件不良、鸡舍潮湿拥挤、卫生条件恶劣时，该病也易暴发。

球虫卵囊的抵抗力较强，一般消毒剂不易将其破坏，可在土壤中存活 4～9 个月。但卵囊对高温和干燥的抵抗力较弱，当柔嫩艾美耳球虫卵囊在相对湿度为 21%～33%、温度 18～40℃的土壤中时，经 1～5 d 就会死亡。

诊断是否患了球虫病，可根据病鸡消瘦，排出带有血液或黏液的粪便，小肠或盲肠出血、肿大增粗等症状初步确诊。确诊可采集病鸡粪便，用饱和盐水漂浮法或涂片法检查球虫卵囊，或取病死鸡肠黏膜触片、涂片来检查裂殖体、裂殖子或配子体，如发现虫卵即可确诊为球虫感染。但是，由于鸡的带虫现象极为普遍，而且临床上病鸡出现症状与粪便中带虫也不一致，即出现症状或出现死亡时，粪便中有时无虫卵出现，故此病的确诊必须结合临诊症状、流行病学资料、病理剖检变化和病原检查结果进行综合判断，才能确定是否由球虫引起的发病和死亡。

### （三）破解方案

预防和控制球虫病必须采取综合控制措施，即平时要加强饲养管理，增强鸡体质，采用药物或疫苗控制感染，必要时采用敏感药物进行治疗。

#### 1. 平时预防措施

平时应加强饲养管理，保持鸡舍干燥、通风、卫生，定期清除粪便并堆放发酵以杀灭卵囊。成年鸡与雏鸡分开喂养，以免带虫的成年鸡散播病原体导致雏鸡暴发球虫病。保持饲料、饮水清洁，一般每周用沸水、热蒸汽等将笼具、料槽、水槽定期消毒 1 次。

#### 2. 药物预防

预防鸡球虫病的药物有几十种，可分为化学合成类和离子载体类抗球虫药两大类。

（1）化学合成的抗球虫药。①氨丙啉。可混饲或饮水给药，无休药期。混饲预防浓度为每千克 100～125 mg，连用 2～4 周。②氯苯胍。预防按每千克 30～33 mg 的浓度混入饲料，连用 1～2 个月，休药期 5 d。③常山酮（速丹）。按每千克 3 mg 的浓度混饲，连用至蛋鸡上笼，休药期 5 d。④地克珠利（杀球灵，伏球）。主要做预防用药，按每千克 1 mg 的浓度混饲连用，无休药期。⑤硝苯酰胺（球痢灵）。混饲预防浓度为每千克 125 mg，休药期 5 d。⑥氯羟吡啶（克球粉，可爱丹）。混饲预防浓度为每千克 125～150 mg，育雏期连续给药，休药期 5 d。

（2）离子载体类抗球虫药。①莫能菌素。预防按每千克 80～125 mg 混饲连用，与盐霉素合用有累加作用，无休药期。②盐霉素（球虫粉，优素精）。预防按每千克 50～70 mg 混饲连用，无休药期。③马杜拉霉素（抗球王、杜球、加福）。预防按每千克 5～6 mg 混饲连用，无休药期。④奈良菌素（那拉菌素）。预防按每千克 50～80 mg 混饲连用，与尼卡巴嗪合用有协同作用，无休药期。⑤拉沙菌素。预防按每千克 75～125 mg 混饲连用，休药期 3 d。

3. 疫苗预防

目前，可用于球虫病预防的疫苗主要有强毒虫疫苗和弱毒虫疫苗两类。球虫强毒疫苗有美国的中熟系强毒活苗（Coccivac）、加拿大的中熟系强毒活苗（Immucox）等，其免疫方法是在 4～10 日龄时，通过饮水或饲料给鸡接种少量含有 8 种鸡球虫的混合卵囊，通过鸡体繁殖后把子代卵囊散播到垫料上，使鸡群通过反复感染而不断增强免疫力。

在生产实际中，主要是应用弱毒虫疫苗来完成球虫的计划免疫。常见的弱毒苗有 4 类：一是早熟系球虫疫苗，如英国的 Paracox、捷克的 Livacox；二是中熟系球虫疫苗，如美国的 Coccivac 和加拿大的 Immucox；三是晚熟系球虫疫苗，如我国的 Eimerivac；四是早、中、晚系混合型球虫疫苗，如我国的强效艾美耳牌鸡球虫疫苗（Eimerivacplus）。其中，Immucox 疫苗包含 4 种虫株，主要应用于肉鸡和仔鸡。Coccivac-B 疫苗包含 4 种虫株，主要应用于重型肉鸡和仔鸡。Coccivac-D 疫苗包含 8 种虫株，主要应用于种鸡和商品蛋鸡。Paracox 疫苗是一种全价疫苗，包含 7 个虫株，主要用于种鸡。Livacox（球倍灵）Q 主要应用于种鸡和蛋鸡，而球倍灵 T 则用于肉鸡的接种。

4. 治　疗

一旦鸡场发生球虫病，应立即进行治疗。若晚于 96 d，病鸡已经出现明显症状和组织病理损伤，这时候用药物治疗往往无济于事。常用的鸡球虫病治疗药物有如下几种。

（1）磺胺类药。用于已感染病例的治疗效果比其他药物好，故常用。常用的磺胺药有：①复方磺胺 -5- 甲氧嘧啶，按 0.03% 拌料，连用 5～7 d。②磺胺喹噁啉，治疗按每千克 500～1 000 mg 混饲或每千克 250～500 mg 饮水，连用 3 d，停药 2 d，再用 3 d，16 周龄以上鸡限用，与氨丙啉合用有增效作用。③磺胺间二甲氧嘧啶，按每千克 1 000—2 000 mg 混饲或按每千克 500～600 mg 饮水，连用 5～6 d，或连用 3 d，停药 2 d，再用 3 d。④磺胺间甲氧嘧啶，按每千克 100～2 000 mg 混饲或每千克 600～1 200 mg 饮水，连用 4～7 d。⑤磺胺二甲基嘧啶，按每千克 4 000～5 000 mg 混饲或每千克 1 000～2 000 mg 饮水，连用 3 d，停药 2 d，再用 3 d，16 周龄以上鸡限用。⑥磺胺氯吡嗪纳（三字球虫粉），以每千克 600～1 000 mg 混饲或每千克 300～400 mg 饮水，连用 3 d。

（2）阿波杀按每千克 40～60 mg 混饲或饮水给药均可。

（3）百球清（妥曲珠利）主要做治疗用药，按每千克 25～30 mg 浓度饮水，连用 2 d。

## 二、鸡蛔虫病

鸡蛔虫病是种由鸡蛔虫寄生于鸡肠道内所引起的常见线虫病。

### （一）常见症状

常见雏鸡发病较重。雏鸡感染后，表现为食欲减退，生长发育不良，消瘦、贫血，步履迟缓，呆立少动，羽毛松乱，两翅下垂，胸骨突出，消化机能障碍，下痢和便秘交替，有时粪便中混有带血黏液，逐渐消瘦而死亡。成年鸡症状一般较轻，通常不见症状。个别病鸡感染较重时，表现为食欲不振，体重减轻，有时出现嗉囊积食，下痢，产蛋量下降和贫血等现象。

### （二）病因解析

鸡蛔虫是引起本病的主要原因。鸡蛔虫虫体淡黄色，雄虫长 50～76 mm，雌虫长 65～110 mm，虫体呈圆筒形，体表角质层具有横纹，口孔位于体前端，其周围有一个背唇和两个亚腹唇。成虫主要寄生于鸡的十二指肠以下的小肠段，影响鸡的生长发育，导致肠堵塞和死亡。

鸡蛔虫病容易发生于平养鸡或散养、放养鸡，而笼养鸡很少发病。各种日龄的鸡均可感染，以 3 月龄以下鸡为主。1 岁以上的成年鸡抵抗力较强，常为隐性带虫者。鸡感染发病主要是因为吞食了受感染性虫卵污染的饲料、饮水或蚯蚓而致。鸡蛔虫的发育不需要中间宿主。寄生在鸡小肠内的成虫每天产大量虫卵，1 条雌虫 1 d 可产 72 500 个虫卵，随粪便排出体外，造成环境污染，鸡蛔虫虫卵发育成为感染性（侵袭性）虫卵时，需要温度适宜、阴雨潮湿的环境，即温度 10～29℃、相对湿度 90%～100%，因此，春、夏、秋季本病多发。此外，饲料养分缺乏、过度拥挤、大小鸡混养等是本病发生的诱因。饲料中缺乏维生素 A 和维生素 B 时，雏鸡对蛔虫的抵抗力降低。

### （三）破解方案

预防鸡蛔虫病的一般性防治措施主要包括如下几个方面。

第一，搞好粪便清理和环境卫生。定期清洁鸡舍，定期消毒。对鸡粪进行堆积发酵处理，杀灭虫卵。鸡舍内垫料应勤更换，保持舍内干燥。水泥地面的运动场经常用清洁水冲洗。第二，定期驱虫。每年进行 2～3 次定期驱虫，成年鸡应在冬季 10—11 月驱虫 1 次，在春季产蛋前 15～30 d 再驱虫 1 次；雏鸡第一次驱虫在 2 月龄左右开始，第二次在秋冬季进行。第三，将雏鸡与成年鸡分开饲养。不使用公共运动场或牧场，以避免互相感染。第四，改善饲养条件。饲料要合理搭配，提高饲料利用率，增强鸡的抵抗力。适量添加多种维生素或维生素 A 等。

治疗鸡蛔虫病，常使用如下几种药物。第一，左旋咪唑（驱钩蛔），片剂按每千克体重 20 mg，一次口服；5% 左旋咪唑注射液，每千克体重肌内注射 0.5 mL。第二，丙硫苯咪唑，按每千克体重 10～20 mg 投喂，一次口服。第三，驱蛔灵（枸橼酸哌嗪），每千克体重用量 20 毫克，拌入饲料一次投喂。第四，丙氧咪唑（奥苯达唑），按每千克体重 40 mg 投喂。第五，噻嘧啶，按每千克体重 60 mg 投喂。第六，驱虫净（四咪唑），按每千克体重 40～50 mg 混入饲料一次投给。

### 三、鸡绦虫病

鸡绦虫病是由多种绦虫寄生于鸡肠道而引起的一类寄生虫病。不同年龄的鸡均可感染本病，但17～40日龄的雏鸡最易感染，死亡率也最高，其他如火鸡、雉鸡、珍珠鸡、孔雀等也可感染。

#### （一）常见症状

雏鸡感染绦虫后临床症状严重，成年鸡表现较轻。轻度感染造成雏鸡发育受阻，成年鸡产蛋量下降或停止，蛋壳质量严重变差。寄生绦虫量多时，可使肠管堵塞，造成肠管破裂，引起腹膜炎。重症鸡出现进行性麻痹，从两肢瘫痪发展到头颈扭曲，运动失调，终因极度瘦弱或伴发其他病而死。剖检发病鸡可见小肠病变较重。病死鸡肠黏膜肥厚，肠腔内有大量带有恶臭的黏液，个别部位绦虫堆聚成团，堵住肠管。肠道内壁有假膜覆盖，易刮落，肠壁上有灰黄色的结核样结节，中央凹陷，其内常可找到虫体或黄褐色干酪样栓塞物。部分死亡鸡肠壁变薄，肠黏膜脱落明显，从肠道外侧可以看到肠道内未消化的饲料，直肠内可见血便。另外，病鸡肌肉苍白或黄疸；肝脏肿大，呈土黄色，边缘偶见坏死区域；卵泡正常或少量充血，但输卵管内多有硬壳蛋。因长期处于自体中毒状态，成年鸡往往还表现出卵泡变性坏死等病理现象。

#### （二）病因解析

鸡绦虫是本病的发病绣因。引起鸡绦虫病的主要有4个绦虫虫种：四角赖利绦虫、棘沟赖利绦虫、有轮赖利绦虫和节片戴文绦虫。前3种绦虫引起的称为赖利绦虫病，而节片戴文绦虫引起的称为戴文绦虫病。这4种绦虫呈世界性分布，几乎所有养鸡的地方都有存在。棘沟赖利绦虫是鸡体内的大型绦虫，虫体长约25 cm，宽1—4 mm，头节上有吸盘4个，呈圆形，有8～10排小沟；顶突较大，上有钩2列，颈节肥短，中间宿主是蚂蚁。四角赖利绦虫外形和大小与棘沟赖利绦虫很相似，差别是其吸盘呈卵圆形，颈节比较细长，顶突比较小，中间宿主是蚂蚁或家蝇。有轮赖利绦虫长4～13 cm，头节上的圆形吸盘，无钩，顶突宽大肥厚，形似车轮状，突出于虫体前端，中间宿主是甲虫。节片戴文绦虫长0.5～3.0 mm，仅有4～9个节片，中间宿主为黑蛄蝓。绦虫病是由鸡经口食含有绦虫卵囊的中间宿主（如蚂蚁、金龟子、家蝇、蛄蝓）而感染。本病多发生于中间宿主活跃的夏秋季节。环境潮湿，卫生条件差，营养不良，饲养管理差均易引起本病的发生和流行。各种年龄的家禽均可感染，但雏鸡的易感性更强。

### （三）破解方案

对鸡绦虫病的防治应采取综合性措施，而预防和控制本病的关键是消灭中间宿主，从而中断绦虫的生活史。具体措施如下。

第一，定期驱虫。在流行地区或鸡场，应定期给雏鸡驱虫。建议在鸡 60 日龄和 120 日龄时各预防性驱虫 1 次。第二，搞好环境卫生，消灭中间宿主。经常清扫鸡舍，每天及时清除鸡粪，进行堆沤，通过生物热灭杀虫卵。第三，幼鸡与成鸡分开饲养，最好采用"全进全出"制。第四，在治疗绦虫的同时，增加饲料中维生素 A 和维生素 K 的含量，并适量加入四环素，以防止肠道梭菌混合感染。第五，在绦虫流行季节里，在饲料中添加环保型添加剂，如环丙氨嗪（一般按每吨饲料 5 g 标准），可有效制止和控制中间宿主的滋生。

## 四、鸡虱病

鸡虱病是鸡常见的体外寄生虫病。鸡虱是寄生于鸡体表的一类寄生虫，主要包括鸡体虱和鸡羽虱。鸡虱以羽毛、皮屑、血痂等为食，常引起病鸡瘙痒，精神不安，羽毛脱落，食欲下降，免疫力和生产性能下降，给养殖户造成很大的经济损失。

### （一）常见症状

病鸡的主要临床症状是奇痒不安，易出现惊群现象。食欲下降，逐渐消瘦，生长发育受阻。患鸡常因啄痒而伤及羽毛和皮肉，新羽的羽小枝被鸡虱吃掉，羽枝和羽干也常被啮食，使羽毛变透明或折断；掉毛处皮肤可见发炎、红疹、皮屑。还可引起产蛋下降。有时种鸡群内在进行人工授精时，常有鸡虱爬到操作员身上。

### （二）病因解析

鸡虱是鸡虱病的主要病原体，是一种常见的体外寄生虫，其形体很小，呈淡黄色或灰色。鸡虱的种类很多，每一种都有严格的宿主。根据鸡虱的寄生部位可分为：鸡体虱，长 3～4 mm，主要寄生于羽毛较稀的皮肤上；鸡羽干虱，长

1.7～2.0 mm，寄生于羽干上；鸡头虱，成体深灰色，长约 2.5 mm，寄生于雏鸡头部和颈部；鸡绒虱，寄生于鸡背部、臀部的绒毛上；鸡翅虱，寄生于鸡翅大羽毛下面。

虱病一年四季均可发生，以秋冬季节多发，密集饲养时易发。秋冬季羽虱繁殖旺盛。鸡的羽毛浓密，体表温度较高，同时，鸡群常拥挤在一起，因此是传播本病的最佳季节。鸡羽虱不会主动离开鸡体，其传播方式主要是直接接触传播，通过鸡体接触而相互感染，但也可通过物品而间接传播。患鸡羽毛、皮屑散落到鸡舍、产蛋箱上，即可造成间接传染。

根据鸡的奇痒不安、羽毛折断脱落等情况，检查鸡羽毛和皮肤，尤其是肛门和翅膀下面，若发现鸡虱在羽毛间和皮肤上移动，在羽毛和羽毛基部可见到成簇的卵，即可确诊。但该病的临床症状易被误诊为饲料营养不全、钙及其他微量元素缺乏、光照过强等因素导致。因此，应在遇到疑似病例时，仔细检查病原以便确诊。虽然各种鸡虱的外观形态有差异，但大体结构相同。

### （三）破解方案

杀虫灭虱是提高鸡的生产性能、增加养殖效益的重要因素之一，建议养鸡户高度重视平时的预防工作，一旦鸡群发病则及时采用有效药物进行治疗。可选用蝇毒磷、溴氰菊酯、杀灭菊酯和氯氰菊酯等灭虱药，在治疗的同时用上述药物消毒鸡舍。

对本病的防治方法主要有以下几种。第一，药物喷洒和药浴。可用 5% 溴氰菊酯乳油（敌杀死），预防用药浓度为每升水加 30 mL，治疗用药浓度为每升水加 50～80 mL，进行药浴或喷洒。也可用灭蝇灵（环丙氨嗪）4 000 倍液对鸡体进行药浴或对鸡舍进行消毒。喷雾时需要两人配合，一人抓鸡，一人喷雾，要逆着羽毛喷雾，并距鸡体 25 cm 左右，注意不要喷入鸡嘴内，以免造成中毒，喷完鸡全身后，再将鸡舍喷雾 1 次。第二，20% 杀灭菊酯乳油，按每升水加 4～5 mL 涂擦鸡体或药浴，水温要求在 42℃ 左右（微温），但不可超过 50℃。用于鸡舍灭虫时，可按每立方米 0.03～0.05 mL 剂量配制，喷雾后密闭 4 h。第三，沙浴。对地面平养的鸡群，可设一个 30 cm 深的浅池，用 10 份黄沙和 1 份硫黄粉充分混匀，铺成 10～20 cm 厚，让鸡自行沙浴。第四，用 1% 灭虫素（每毫升含伊维菌素 10 mg）按每千克体重 0.2 mg 的标准进行皮下注射。一次注射对鸡羽虱的杀净率并不理想，用相同剂量进行二次注射则疗效显著，杀净率达 100%，且不易复发。

需要注意的是，过去常用敌百虫、双甲脒等药物喷湿鸡的羽毛来灭虱，但上述方法不仅操作烦琐，维持时间短，易复发，而且敌百虫等有机磷农药已被禁止用于鸡内服驱虫，仅能用于鸡膝螨病（以 0.1%～0.15% 的敌百虫溶液浸洗患部）。因为敌百虫属于有机磷制剂，而有机磷制剂可侵害禽类大脑，引起禽类神经功能紊乱，且禽类对有机磷制剂的天然解毒能力特别低，所以已不属于无公害食品蛋鸡和肉鸡生产中允许使用的驱虫药物。此外，在养鸡场用敌百虫、敌敌畏灭蝇时也可能造成产品中的药物残留，这一点也应引起注意。

# 第四节　鸡类主要传染病防治技术

## 一、禽流感

禽流感（AI）又称真性鸡瘟或欧洲鸡瘟，是由禽流感病毒引起的多种家禽及野鸟的一种高度接触性传染病。自 1878 年首次发现意大利鸡群暴发本病以来，禽流感呈全球性分布，并在许多国家和地区流行传播。高致病性禽流感被国际兽医局定为 A 类传染病。

### （一）常见症状

由于感染毒株的毒力不同，临床上表现也不一致，根据感染后症状的严重性可分为高致病性禽流感和低致病性禽流感。

高致病性禽流感可于各日龄鸡群发生，感染后鸡群突然发病，体温升高，呼吸困难，张口呼吸，精神萎顿，昏睡，食欲下降或废绝，肿头，眼分泌物增多，冠和肉髯的边缘有紫黑色的坏死斑点，腿部鳞片出血，下痢，粪便黄白色，多有黏液。后期出现神经症状，头、腿麻痹，抽搐，甚至出现眼盲，最后极度衰竭死亡。发病率和死亡率可达 100%。低致病性禽流感以产蛋鸡群多发，病鸡初期表现为体温升高，精神沉郁，缩颈，嗜睡，采食量减少或急剧下降，排黄绿色稀便；呼吸困难，咳嗽，打喷嚏，张口呼吸。后期部分鸡出现神经症状，头颈向后仰，抽搐，运动失调，瘫痪等。产蛋鸡感染后，蛋壳质量变差、畸形蛋增多，会出现软壳蛋、无壳蛋等。一般发病后 2～3 d 产蛋开始下降，7～14 d 后产蛋可下降到 5%～10%，严重的鸡可停止产蛋，持续 1～5 周产蛋量开始上升，但恢复不到原来的水平。一般经 1～2 个月才能逐渐恢复到 70%～90% 的水平。种鸡还表现出种蛋受精率下降 20%～40%，并导致 10% 左右的死胚，雏鸡在出壳后 1 周内出现 10%～20% 的死亡率。

高致病性禽流感剖检常见头颈及胸部皮下胶样浸润，胸部肌肉、脂肪及胸骨内面有小出血点，喉头、气管、支气管充血、出血，内有多量黏液或干酪样物质；腺胃乳头、肌胃角质膜下出血，十二指肠出血，并伴有轻度炎症；腹膜、隔膜、心包膜、心外膜均有出血、充血，泄殖腔黏膜充血出血；胰腺有坏死灶；有纤维素性腹膜炎，腹腔内有多量的干酪样物；输卵管充血出血，卵泡变色变形出血。如图 5-4-1 所示，为患禽流感的鸡群。

**图 5-4-1　患禽流感的鸡群**

低致病性禽流感剖检可见呼吸道尤其是鼻窦出现卡他性、纤维蛋白性、浆液纤维素性、黏脓性或纤维素性脓性的炎症，气管黏膜充血水肿，偶尔出血；产蛋鸡的卵巢发炎，卵泡出血、变性和坏死，输卵管水肿，有浆液性、干酪样渗出物，卵黄性腹膜炎；腺胃、肌胃出血，十二指肠和直肠出血。

### （二）病因解析

禽流感主要由 A 型流感病毒引起，根据禽流感病血凝素（HA）和神经氨酸酶的差异（NA），可将其分为不同的亚型。迄今为止，A 型禽流感病毒 HA 已知有 16 个亚类（H1～H16），NA 有 9 个亚类（N1～N9），它们之间可组成不同的亚型（H1N1、H1N2、H2N9、H3N3、H5N1、H7N3、H7N7、H9N2 等），各亚型之间没有交叉免疫力，但感染禽类的亚型主要为 H5、H7 和 H9 的各种血清型，其中，H5 和 H7 又被称为高致病血清型，H9 被称为低致病性血清型。

判断鸡是否是感染了禽流感，可根据鸡群发病急、发病突然，腺胃乳头、腿部鳞片以及全身广泛性出血（高致病性禽流感）作出初步判断。低致病性禽流感则主要表现为严重的呼吸道症状，产蛋鸡群还表现为产蛋率下降。但根据临诊表现和剖检变化诊断时，需要注意与新城疫和鸡霍乱的鉴别，其中，特别应注意与鸡新城疫鉴别，以免误诊造成不必要的损失。确诊鸡群是否感染禽流感，必须收集呼吸道标本（鼻分泌物、气管和肺组织）及鸡禽的粪便等，分离病毒进行 HA 和 HI 试验，也可分离病毒后进行 PCR 检测。血清学诊断方法包括病毒中和试验、血凝抑制试验、琼脂免疫扩散试验、免疫荧光分析和 ELISA 等。

**（三）破解方案**

有效防控禽流感对策是"生物安全措施＋强制免疫＋扑杀"，其中前两项措施主要针对预防疫情暴发，扑杀则主要是针对发病和染疫鸡群。

1. 做好养鸡场生物安全措施

鸡场应合理布局，禁止家禽和动物的混群饲养。加强鸡场环境消毒，控制人员和车辆流动，鸡场环境可采用 3%～5% 甲酚、1% 复合酚、0.5% 二氯异氧尿酸钠进行消毒，鸡场大门入口处和鸡舍门口应放置消毒药物进行消毒。鸡舍带鸡消毒应采用广谱、高效、无刺激性、无腐蚀性、无残留的消毒剂，10% 漂白粉按 200 mL/m³ 喷洒，每 1～3 d 消毒 1 次，如采用饮水消毒则可用喷雾灵（1∶5 000）、高氯灵（1t 水加 1.5～3 片）、百消灵（1∶5 000）饮水。采取良好的饲养管理措施，饲喂全价卫生的日粮，适时开食和饮水，合理保温，合理光照，保证通风透气，控制好相对湿度，调整鸡群饲养密度，避免过分拥挤，给予充足和卫生的饮水，采用卫生垫料。平时应加强引种检疫、隔离检疫，定期监测鸡群的禽流感抗体水平，及时淘汰病、弱鸡。

2. 加强免疫接种

禽流感具有较多的血清亚型，且极易发生变异，但只要采用与本地流行一致的血清亚型进行免疫，就可以产生较好的保护作用，可避免产生毁灭性的死亡和减蛋。目前，市面上销售的禽流感疫苗有灭活疫苗 H5N1 的 Re-1、Re-2、Re-4、

Re-5、Re-6、H5N2 和 H9N2 疫苗，弱毒疫苗有 H5 亚型的禽流感重组鸡痘载体活疫苗、禽流感－新城疫重组二联活疫苗（rL-H5 疫苗），可根据当地禽流感的流行情况和鸡群状况进行选用。免疫程序可参考采用如下方式：首次免疫 7～10 日龄，二次免疫 35～42 d，产蛋前三次免疫，以后每隔 3～4 个月接种 1 次。肉鸡最后一次免疫距上市时间不应短于 4 周，确保上市时鸡体内无疫苗残留。

3. 治　疗

发生禽流感时，除采用隔离消毒等一般性传染病发生时的措施外。对由高致病性毒株所引起的禽流感，要上报有关部门，按有关法规条例执行。如发生由低致病性毒株所引起的禽流感，可按下述方法治疗：禽流感高免血清或高免卵黄液注射 1 次，发病早期具有良好的效果；清热解毒中药制剂（流感克星、流感抗毒散、流感快克等）连续拌料 5 d；拌抗病毒药（盐酸金刚烷胺、病毒灵）饮水，也可以缓解症状。在使用上述药物的同时，配合使用来立信、环丙沙星、多西环素等抗菌药物，以预防细菌的继发感染，一定的程度上可减少死亡。在病情控制后，使用一些活血化瘀的药物，如增蛋散，可促使卵泡发育，使产蛋尽快恢复。

## 二、新城疫

新城疫（ND）又名亚洲鸡瘟，俗称鸡瘟，是由新城疫病毒引起的一种急性、高度接触性、败血性禽类传染病。本病对养禽业危害极大，被国际兽医局列为 A 类传染病。

### （一）常见症状

病鸡体温升高达 43～44℃，精神沉郁，减食或拒食，饮水增加，羽毛松乱，闭目缩颈，昏睡，不愿走动，头下垂或伸入翅下，鸡冠及肉髯逐渐呈紫黑色。产蛋鸡群产蛋量急剧下降 20%～60%，蛋壳褪色，软壳蛋、畸形蛋明显增多。随着病情的发展，出现较为典型的症状，病鸡咳嗽，气喘，张口、伸头呼吸，呼吸时发出"呼噜呼噜"的喘鸣声或尖锐的叫声，鼻腔有黏性鼻液流出，眼睛内有泡沫样的液体，下痢，排黄绿色稀便。将病情严重的鸡或死鸡倒提起来，可从口内流出酸臭味的黏稠内容物。死亡高峰明显。病程较长的一部分病鸡可出现各种神经症状，如腿翅麻痹，原地转圈，头颈后仰或扭向一侧，呈观星姿势。安静时，这些症状稍微缓解，可以采食，一受惊吓则重新发作。转成慢性的病鸡最终可消瘦死亡。各种日龄免疫鸡群在发生新城疫时，发病率和死亡率较低，临床症状不典型，即所谓的非典型新城疫。非典型新城疫临床症状和病理变化差异较大，一般来说，病鸡仅表现呼吸道和神经症状，如咳嗽、气喘，两腿麻痹，站立不稳，转圈，扭头歪颈等，产蛋鸡群产出的软壳蛋、畸形蛋和小蛋突然增多，产蛋量突然下降10%～30%，有些产蛋鸡群仅表现为产蛋量下降。

主要病变发生在消化道和呼吸道，喉头充血，鼻腔、气管内积有大量黏液，气管环充血、出血，肺出血，气囊膜增厚、混浊。嗉囊积聚酸臭味、混浊的液体，腺胃水肿，腺胃乳头或乳头间点状出血，有时形成小的溃疡斑，从腺胃乳头可挤出豆腐渣样物质，肌胃角质层下也常见出血。十二指肠及整个小肠黏膜有暗红色出血，病程长者出现溃疡，溃疡表面覆有一层纤维素性假膜。盲肠扁桃体肿大并有出血，肠黏膜上常出现枣核状肿大及多处枣核状的出血或纤维素性坏死灶，略突出于黏膜表面。直肠和泄殖腔黏膜充血，有出血点或弥漫性出血。心冠和心尖脂肪有出血点，胆囊肿大，肝、脾、肾除有充血外，一般无特殊变化。产蛋鸡卵泡萎缩和输卵管充血、出血明显，卵黄破裂，卵黄流入腹腔。

免疫鸡群发生新城疫时，眼观病变并不典型，仅见黏膜卡他性炎症，喉头、气管黏膜充血、出血，腺胃乳头出血少见，但剖检多只病鸡时，可能会发现有的病鸡腺胃乳头有出血点，肠淋巴结肿大、出血，泄殖腔条纹状出血，盲肠扁桃体肿大、出血。

### （二）病因解析

新城疫主要由新城疫病毒引起，目前仅有一种血清型，不同毒株感染鸡的表现型不同，由此可将新城疫病毒分为速发型、中发型和迟发型。本病毒可存在于病鸡的所有器官、体液、分泌物和排泄物中，以脑、脾、肺含毒量最高，骨髓中病毒存在时间最长。本病的重要传染源是病鸡和带毒鸡，鸟类的传播作用也不可忽视，感染的禽类在症状出现前24 h即可向外排毒，而临床症状消失后仍可排毒5～7 d。因此，隔离病禽和加强消毒是防止本病继续流行的重要措施。本病可一年四季导致各种日龄的鸡感染发病，其中，雏鸡和青年鸡群易感，老龄鸡具有一定的抵抗能力。抗体水平较低或未经免疫的鸡群，发病率和死亡率可高达80%～100%，免疫鸡群病死率的变化较大，低者2%～17%，高者达20%～40%。

判断鸡群是否发生了新城疫，首先应该根据流行病学特点、临床症状及剖检病变进行综合分析，如鸡群突然发病，呼吸困难，排黄绿色粪便，嗉囊有大量的酸臭液体，病程稍长后出现神经症状，同时结合腺胃乳头出血，盲肠扁桃体枣核样出血，气管、肺出血等即可做出初步诊断，但应注意与禽流感、禽霍乱和传染性支气管炎鉴别。当免疫鸡群发生新城疫时，因病变不典型，应尽量多剖检病死鸡，注意观察腺胃和肠道的特征病变，如果没有饲料变换、品质不佳、环境条件改变等其他原因，而同一鸡群中新城疫抗体出现过低、过高，或高低参差不齐的现象，再结合免疫程序、流行病学和临床症状等，可考虑本病。要确诊为新城疫感染，则必须采集病鸡的脑、脾、肺、气管或病鸡体液、分泌物和排泄物来进行病毒分离，分离的病毒进一步用血凝试验（HA）、血凝抑制试验（HI）、酶联免疫吸附试验（ELISA）及中和试验等进行鉴定，目前最常用的是 HA 和 HI 试验。

### （三）破解方案

新城疫是国际兽医局规定的 A 类传染病，是目前为止影响鸡群的重要传染病之一。在一些发达国家防制本病都是采用隔离封锁、扑杀销毁感染鸡群和受威胁鸡群的方法，这些国家有些不主张使用任何新城疫疫苗，有的只允许使用灭活苗，有的仅允许使用毒力很低的弱毒或无毒活疫苗。在新城疫流行的国家和地区，应采取严格的生物安全措施和免疫接种工作，以阻止病毒入侵和提高鸡群的抗病能力。

1. 采取严格的生物安全措施

同防制禽流感一样，鸡场应加强饲养管理，搞好环境卫生，加强环境和鸡舍消毒工作，做好通风换气，做好引种隔离工作，控制人员的来往，鸡笼、用具、运输车辆要清洁消毒。有些鸡场不重视生物安全措施，过分依赖免疫接种，这对防制新城疫不利，因为新城疫强毒一旦侵入鸡群，就会在鸡群中长期存在，而不管采用何种疫苗、何种免疫措施都不能将其根除。

2. 加强免疫

免疫接种是控制新城疫的主要措施，但良好的免疫质量受多方面因素影响，首先应正确选用疫苗和免疫接种途径，其次要制定合理的免疫程序，即根据雏鸡的母源抗体水平确定首免时间，根据免疫后抗体滴度和鸡群生产特点确定加强免疫的时间。

正确选用和使用疫苗：目前生产的新城疫活疫苗有 I 系、Ⅱ系、Ⅲ系、Ⅳ系、V4 和一些克隆化疫苗等，灭活疫苗主要是Ⅳ系油佐剂灭活疫苗。I 系为中等毒力疫苗，Ⅳ系、Ⅲ系和Ⅱ系疫苗为弱毒疫苗。V4 具有耐热的特点，适用于热带和亚热带农村鸡群防疫。Ⅲ系和Ⅳ系疫苗大小鸡均可使用，常用滴鼻、点眼和饮水方法接种。其中，Ⅱ系和Ⅳ系疫苗使用最为广泛，雏鸡的初次免疫多用这两种疫苗进行滴鼻和点眼，可以产生呼吸道局部免疫作用和全身性中和抗体作用，起到早期防病效果，Ⅱ系和 IV 系疫苗也可进行气雾免疫，但在鸡群存在支原体、大肠杆菌和其他呼吸道疾病时易于诱发呼吸道疾病，使用时需注意。I 系和 IV 系疫苗可采用肌内注射，但 I 系疫苗由于毒力较强，一般应用于 2 月龄以上或进行过首免的鸡群，否则会引起严重反应。灭活疫苗仅能采用肌内注射方法接种，由于病毒经过灭活和添加了油乳佐剂等，具有安全、不散毒、不受母源抗体干扰和免疫期较长等特点，可用于雏鸡的首免，也可用于加强免疫。

疫苗的免疫程序由于各地、各鸡场情况不一，故没有一个可以适应不同类型鸡场的免疫程序，各地可以根据实际情况制定切实可靠的免疫程序。现推荐一个蛋鸡的免疫程序供参考：7 日龄时注射新城疫灭活疫苗 0.2 mL/ 只，同时用 IV 系疫苗滴鼻点眼；30 日龄时用 IV 系疫苗滴鼻或饮水加强免疫 1 次；70 日龄时再用 IV 系疫苗饮水，或用 I 系疫苗 1 000 倍稀释后，肌内注射 1 mL/ 只；120 日龄时用新城疫灭活疫苗肌内注射 0.5 mL/ 只；以后每隔 2～3 个月用 I 系疫苗重复免疫 1 次。肉鸡免疫程序：7 日龄注射新城疫灭活疫苗 0.2 mL/ 只，同时用 IV 系疫苗滴鼻点眼；25～30 日龄再用 IV 系疫苗滴鼻或饮水加强免疫 1 次即可。雏鸡初次免疫最为关键，由于本身免疫系统不健全，易受到新城疫病毒的侵袭，但如果免疫时机选择不当，又容易受到母源抗体的干扰。

3. 治 疗

新城疫目前尚无药物可以治疗，有条件的鸡场可采用新城疫高免卵黄或高免血清进行注射，但由于新城疫发生后损失较大，故必须采取措施将其扑灭或控制，除了采取隔离病鸡，深埋、焚烧病死鸡，以及严格的消毒措施外，最有效控制疫情的方法是紧急预防接种。雏鸡可用 IV 系疫苗 3～4 倍量进行肌内注射，中雏或成年鸡可用 I 系疫苗 2 倍量肌内注射。

## 三、马立克病

马立克病（MD）是由马立克病病毒引起的一种淋巴组织增生性疾病，即肿瘤和神经麻痹性传染病，以外周神经、性腺、虹膜、各种内脏器官、肌肉和皮肤发生淋巴细胞增生和单核细胞浸润为特征。病鸡消瘦、肢体麻痹或急性死亡。近年来，世界各地相继发现毒力超强的马立克病病毒，给本病的防制带来了新的问题。

### （一）常见症状

临床常见2～7月龄鸡发病，根据病毒侵袭部位和临床症状不同，可分为神经型、内脏型、眼型和皮肤型，但也可以见到既有神经型又有内脏型或眼型等两种以上的混合型。

1. 神经型

病毒主要侵害外周神经。临床多见坐骨神经受到侵害，而且多见病鸡一条腿完全麻痹，即出现典型的一条腿前伸一条腿后伸的特征性"劈叉"姿势。如果两腿完全麻痹，则病鸡瘫痪，不能站立。如果发生不完全麻痹时，则病鸡行动不稳，步态失调。臂神经受侵害时，病鸡表现为一侧或两侧的翅膀麻痹下垂。支配颈部的神经受到侵害时，引起扭头、仰头现象。

2. 内脏型病鸡

此种类型病鸡在临床最为常见，主要是内脏器官和腺体发生肿瘤。病早期不像神经型那样明显，多数是在晚期才表现为急性发作，因肿瘤的生长速度很快，消耗了机体大部分的营养成分，病鸡出现精神沉郁，食欲差，伏地，腹泻，羽毛蓬松无光泽，脱水，冠髯萎缩，极度消瘦等症状，最后衰竭而死。有些内脏器官肿瘤生长过大者，往往导致腹部肿胀，严重者往往因肝破裂而突然死亡。肿瘤型发病、死亡比较集中，呈急性暴发。

3. 眼　　型

病毒主要侵害虹膜。单侧或双侧眼发病，轻者对光反应迟钝，重者视力消失。临床可以见到虹膜正常色素消失，由原来的金色变为灰白色，呈同心圆或点状，俗称"灰眼"或"银眼"。瞳孔边缘呈锯齿状，严重时整个瞳孔只留下一个针尖大的小孔。

### 4.皮肤型

肿瘤多发生于翅膀、颈部、背部、尾部上方或大腿内侧的皮肤。肿瘤多发生于上述部位的羽囊，可见羽囊肿大，形成结节，结节较硬，个别可能破溃。

### （二）病因解析

本病主要由疱疹病毒科，即 a-亚科类马立克病毒属的马立克病毒引起。本病的发生与鸡及鸡舍环境中污染病毒有关。病鸡和带毒鸡为主要传染源（感染马立克病的鸡，大部分为终生带毒），在羽毛囊上皮细胞中复制的传染性病毒，随脱落的羽毛囊上皮、皮屑排出，使污染鸡舍中的灰尘长期保持传染性，而鸡群通过消化道摄入或经过呼吸道吸入污染的病毒而发病。由于各地各鸡场饲养管理、卫生、免疫状况、病毒毒力及应激因素等不同，发病率和死亡率在不同地区或鸡群变化较大，发病率可达 5%～60%，死亡率和淘汰率可达 10%～80%。

判断鸡群是否感染了马立克病，可根据病鸡多出现在 2～7 月龄时外周神经受到侵害，表现典型的肢体麻痹症状，内脏器官和腺体出现肿瘤，法氏囊萎缩等病理变化作出诊断。一般不会造成误诊，但内脏型马立克则需要与鸡淋巴白血病进行鉴别。确诊需进行病原分离鉴定或血清学诊断。血清学诊断常用琼脂扩散试验，方法有两种，一种是用已知马立克病血清抗体检查未知马立克病抗原（羽囊琼脂扩散试验），另一种是用已知的抗原检查未知血清抗体（血清琼脂扩散试验），最好两种试验同时进行，以提高对本病的检出率。血清学试验必须与临床和病理剖检结果结合才能判断。

### （三）破解方案

本病的防制主要在于平时的预防，发病后没有任何治疗价值，应采取"以免疫为主"的综合防制措施。在实际操作过程中需要做好早期保护、检疫淘汰和疫苗接种工作。

### 1.早期保护

日龄越小对本病的易感性越大，接种疫苗后需要 7 d 才能产生足够的免疫力。因此，要认真做好孵化前种蛋、孵化器、孵化室的消毒，对育雏室、鸡笼及其用具也应彻底消毒。雏鸡在接种马立克病疫苗后 3 周内实行严格的隔离饲养。

2. 检疫淘汰

异地引入种禽时，应进行严格的检疫和隔离措施，严禁将带毒鸡引入鸡群。平时可用琼脂扩散试验对鸡群马立克病毒进行检疫，结合临床症状及病变作出诊断后，要及时淘汰病鸡及带毒鸡，最彻底的办法是全群淘汰，特别是种鸡。

3. 疫苗接种

疫苗接种是防制本病的关键。接种时要正确选用疫苗，马立克病疫苗有血清Ⅰ型疫苗（如 CVI988、814 株）、血清Ⅱ型疫苗（如 SB-1、Z4 株）和血清Ⅲ型疫苗（火鸡疱疹病毒疫苗）。Ⅲ型疫苗是目前国内外应用最广泛的疫苗，但也常常发现在Ⅲ型疫苗免疫过的鸡群中由于超强度的感染给鸡群造成的严重损失，这时可以用Ⅰ型或Ⅱ型、Ⅲ型组成的双价疫苗控制。一般来说，二价疫苗或三价苗优于单价苗免疫效果，但Ⅰ型是细胞结合疫苗，需要用液氮保存。马立克疫苗免疫的关键之一是早期接种，愈早愈好，一出壳就接种。目前，通常是雏鸡出壳后 24 h 内接种马立克病疫苗；另外一个关键是接种疫苗的剂量要足，目前接种的剂量不足是导致马立克疫苗免疫失败的主要原因。

## 四、传染性支气管炎

传染性支气管炎（IB）是由传染性支气管炎病毒引起鸡的一种急性、高度接触性呼吸道疾病。其特征是病雏咳嗽、喷嚏、流鼻涕、气管啰音、呼吸困难、发育不良，死亡率较高。肾型传染性支气管炎可见肾肿大、尿酸盐沉积，成年蛋鸡表现产蛋下降、蛋的品质低劣。

### （一）常见症状

本病可侵害不同日龄的鸡群，由于侵害的日龄和感染的毒株不同，常见的问题也不一样。雏鸡多发呼吸道传染性支气管炎，鸡群常突然发病，表现神郁、食减、垂翅、低头、嗜睡、扎堆；呼吸困难、张口、伸颈、喷嚏、咳嗽、流泪、流鼻涕、气管啰音；个别鸡可见鼻窦及眶下窦肿胀。雏鸡多因气管、支气管堵塞窒息而死；逐渐消瘦、发育不良，病程 1～2 周，死亡率达 20%～50%。部分小母鸡感染后形成"输卵管永久性狭窄"，成年后出现产蛋障碍。

5～6 周龄以上的鸡死亡率很低。典型的临床症状是气喘、啰音和微咳，同时伴有减食、下痢。

产蛋鸡感染后，出现轻微的呼吸道症状，产蛋量下降 50% 以上，并出现畸形蛋、软壳蛋、"鸽子蛋"或沙粒蛋。蛋的质量改变，卵黄变小或无黄蛋，蛋清稀薄呈水样。卵黄与卵白脱离，或黏于卵壳内膜。

肾型传染性支气管炎主要发生于 20～50 日龄雏鸡中，呼吸道症状较轻，常见发生肾炎及肠炎症状，精神沉郁、减食，持续排白色或水样下痢，病鸡消瘦，饮水增加，冠髯发绀，病鸡死前伏地不起。发病日龄越小，死亡率越高，一般可达 25%。耐过鸡可形成肾结石，长期发育不良。

腺胃型传染性支气管炎常见病初神郁、不食或少食、闭目嗜睡、个别腹泻、呼吸困难、消瘦、陆续死亡，不死者转为慢性，精神、食欲无明显变化。病鸡发育不良，最终死亡，本型病程较长，可持续至开产以后，死亡率 30% 左右。

### （二）病因解析

本病主要由传染性支气管炎病毒引起。病毒主要感染鸡，各种日龄的鸡均可感染，其中以雏鸡发病最为严重，随着日龄的增长，鸡的抵抗力增加。呼吸型传染性支气管炎多发于幼雏，肾型传染性支气管炎多见于 20～50 日龄，腺胃型传染性支气管炎多发于 30～90 日龄。病鸡及康复鸡是本病的主要传染源，污染的病毒主要经空气飞沫通过呼吸道传播给易感鸡。也可通过被污染的饲料、饮水、用具等经消化道消化处理后使易感鸡感染发病。过度拥挤、卫生条件差、营养不良、鸡舍过冷或过热、密闭潮湿等均可促进本病发生。本病一年四季均可发生，在寒冷、高热季节发病率更高。

临床诊断本病可根据传染性强、传播快、潜伏期短、发病率高，结合呼吸困难，呼吸道有干酪样渗出物，肾型毒株感染常见病鸡拉白色稀粪及肾脏呈花斑状，腺胃型传支腺胃肿大，产蛋鸡表现为产蛋量急剧下降、畸形蛋增多以及卵黄性腹膜炎等特征症状，即可作出初步诊断。但在判断时需要注意呼吸型传染性支气管炎与传染性喉气管炎、慢性呼吸道病、曲霉菌病、新城疫等进行鉴别。肾型传染性支气管炎主要注意与鸡白痢和法氏囊病鉴别。成年鸡传染性支气管炎主要与非典型新城疫、禽流感、脑脊髓炎、传染性喉气管炎及减蛋综合征鉴别。腺胃传染性支气管炎应与马立克病、新城疫相鉴别。确诊则需要采集病鸡的呼吸道渗出物或肾脏制成悬液来进行病毒分离，悬液经尿囊腔接种 9～11 d 龄鸡胚，孵化至 19 d。少数鸡胚受到抑制，而多数鸡胚存活，是本病毒的特征。若在鸡胚进行连续传代，则可使鸡胚出现规律性死亡，胚体蜷缩变小，称"侏儒胚"，羊膜增厚，尿囊液增多，有尿酸盐沉淀，但绒毛尿囊膜无变化。也可将收集的尿囊液滴鼻接种 7 日龄以内雏鸡，雏鸡在 18～36 h 内出现气管啰音。如果尿囊液在接种雏鸡前用同型的血清中和后进行接种，则可抑制这种致病作用。其他的病毒鉴定方法可用 IFA、ELISA、间接血凝试验和 RT-PCR 等进行确诊。

### （三）破解方案

对于本病的预防与控制，应采用以疫苗免疫为主的综合性措施，但由于本病变异较快，血清型较多，有时免疫效果不佳。目前，已报道的血清型有 25 种之多，主要为 M41 型和 C 型。其他的如 T 株、Holte 株和 Gray 等都为变异型。我国主要为 M41 型，但也存在着其他毒型，各血清型间没有或仅有部分交叉免疫保护作用，必须用多价疫苗免疫才能保护。因此，预防本病的发生应做好平时预防措施和疫苗接种工作。

1. 平时预防措施

平时应消除应激因素的影响，防止鸡舍过热、过冷、拥挤、通风不畅、营养不良等现象发生，执行严格隔离、检疫等卫生防疫措施，平时还应加强对鸡群的饲养管理，注重育雏室的保温与通风，保持垫料干爽，降低空气中氨气浓度，适当补充维生素和微量元素，增强鸡体的抵抗力，同时要做好定期免疫接种工作。

2. 疫苗接种

目前疫苗种类有弱毒疫苗，也有灭活疫苗，最常用的是 M41 型的 H120 和 H52 弱毒活疫苗。H120 用于小雏鸡，H52 对小雏鸡有一定毒力，主要用于 5 周以上大雏鸡。此外还有肾型的 Ma5 弱毒苗，可在 1 日龄及 15 日龄时各免疫 1 次。灭活疫苗一般应采用皮下注射。使用弱毒疫苗时，特别要强调的是与新城疫弱毒疫苗的免疫问题，传染性支气管炎弱毒疫苗应与新城疫弱毒疫苗同时进行免疫，因此若不是二联疫苗最好两者免疫相隔 10 d 以上，先免新城疫，再免传染性支气管炎，否则，由于传染性支气管炎病毒繁殖快，可对新城疫病毒免疫产生干扰作用。

3. 治　疗

本病尚无特效治疗药物。一旦发病，要对发病鸡群注意保暖，通风换气，及时进行对症治疗，如使用复方泰乐菌素饮水或使用北里霉素、多西环素混料或饮水，同时用适当的抗生素辅助治疗，以缓解呼吸道症状和预防继发感染。对肾脏病变明显的鸡群，应降低饲料蛋白质含量，使用利尿药以缓解肾炎症状，并选用复方口服补液盐或含有柠檬酸盐、碳酸氢盐的复方制剂以补充钾、钠损失，同时使用抗生素以防止细菌性继发感染等，均有利于鸡群康复。

## 五、传染性喉气管炎

传染性喉气管炎（ILT）是因传染性喉气管炎病毒导致的一种急性传染病、高度接触呼吸道传染病。以呼吸困难和咳嗽为主要表现。其余症状有咳出附血渗出物，喉头、气管黏膜上皮水肿，出血及糜烂。该病发病率高且蔓延迅速，严重时病死率高。

### （一）常见症状

临床多见产蛋鸡群发病，由于患鸡感染毒株的毒力不同，鸡群发病后症状的严重性也不相同。急性型患鸡精神沉郁，厌食，初期流半透明状的鼻涕，流眼泪，呼吸困难，呼吸频率增加，并发出湿性啰音，咳嗽，喘息。病情严重者可见高度呼吸困难，张口呼吸，蹲伏伸颈，痉挛性咳嗽，咳出带血的黏液。病鸡在发病晚期出现不停地摇头，抛出带血分泌物，如果分泌物咳不出来，则引起窒息死亡。掰开嘴巴，见喉部黏膜有浅黄色凝固物粘连，不容易擦除，鸡冠呈紫色，有时可见到绿色稀粪。产蛋鸡产蛋量锐减。

轻症地方流行性患鸡常以结膜炎为主，如眼结膜充血、眼睑胀痛，具有黏性或者干酪样的分泌物，眶下窦扩大，呼吸困难症状轻微，病鸡长势缓慢，产蛋率下降。病程2～3周，如果不继发感染者死亡率不会严重。

剖检以喉头至气管的上1/3病变最为明显。病死鸡的喉头和气管黏膜肿胀、出血，喉头、气管、鼻孔中蓄积黏性渗出物。有时可见到干酪样渗出物，也可见到凝血块，该渗出物偶尔会形成一层干酪样的假膜，也就是发生了"气管套"的情况，有可能把气管彻底堵住。支气管、肺、气囊和眶下窦也有炎症反应。慢性病例可见鼻腔、眶下窦充血、水肿、有干酪样渗出物。发病早期患部细胞可形成核内包涵体。

## （二）病因解析

本病主要由传染性喉气管炎病毒引起，被认为仅有一种血清型，但不同毒株对鸡的致病力差异较大。自然情况下，病毒主要危害的是鸡畜，各龄鸡都存在易感性，而成年鸡则最易感，病症最为典型。病鸡及康复鸡为主要传染源，有的康复鸡带毒时间长达 2 年，经由咳出之血液及黏液经上呼吸道扩散。病鸡粪中含有大量病毒，粪便排出后随空气扩散到周围鸡群。另外，还可以通过被污染饲料、饮水等途径经黏膜传染。所以人、车、飞禽、啮齿类动物、注射了本病疫苗的鸡、垫草、饲料及饮水等主体或过程能机械地散播病毒，并成为该病传染源。再加上鸡舍内通风不畅，拥塞，饲养管理不到位，寄生虫感染，缺乏维生素 A 和疫苗接种，均为诱发该病发生蔓延的因素，且可提高病鸡死亡率。该病在易感鸡群内蔓延迅速，感染率为 90%，病死率为 5%～70%。

要判断是不是传染性喉气管炎感染，可根据呼吸困难、咳嗽，有啰音，咳出带血的黏液，喉头和气管内出血和糜烂的症状，再结合主要发病成年鸡的流行特点可作出诊断。而轻症地方流行性病例，一般不易与传染性支气管炎、支原体病、传染鼻炎等相鉴别，这时确诊本病则需要取发病 2～3 d 的急性期病鸡喉头黏膜上皮，经压（拉）片后，甲醇固定，吉姆萨染色后，见到核内包涵体。也可取喉头或气管黏膜、黏液，剪碎或研磨后，过滤，稀释后加入青霉素和链霉素，经绒毛尿囊膜接种 10 日龄鸡胚，4～5 d 后鸡胚死亡，见绒毛膜增厚，有灰白色坏死斑。此外，诊断该病的手段可采用中和试验，免疫琼脂扩散试验，荧光抗体试验，斑点免疫吸附试验及核酸探针。

## （三）破解方案

预防该病效果最好的措施就是严格采取生物安全措施，预防接种。

### 1.消毒、隔离是防止病毒流入和传播的重要方法

平时应坚持定期的消毒制度，一切进入鸡场的人员和运输工具等必须经过严格的消毒，鸡场工作人员、鞋子、衣物、饲养用具等进出鸡舍必须严格消毒。新购进的种鸡需做好检疫工作，并隔离饲养观察。病鸡应单独隔离，康复鸡和接种过疫苗的鸡应避免混群饲养。此外，应加强饲养管理，搞好鸡舍的保暖、通风和卫生措施，要定期驱杀寄生虫，添加多种维生素，消除一切诱使本病发生的因素。

2. 免疫接种是预防本病发生的重要手段

目前，国内外防制本病普遍采用活疫苗免疫，活疫苗有弱毒与强毒两种，另外还有二联疫苗。弱毒疫苗经稀释后，经滴鼻、点眼免疫，一般在 30～35 日龄接种 1 次，90 日龄再接种 1 次。但无论是国产疫苗还是进口疫苗，免疫效果都不很理想，一是免疫后反应较强烈，二是免疫保护期短、保护率低。强毒疫苗即用发病鸡喉头和气管黏膜研磨、过滤后，加入青霉素和链霉素后擦肛，4～5 d 后，擦拭部位黏膜 出现水肿和出血性炎症，说明接种成功，有较好效果，但散毒可能性大，一般仅用于发病鸡场。二联疫苗是哈尔滨兽医研究所开发的鸡传染性喉气管炎重组鸡痘病毒基因工程疫苗，从免疫效果及临床保护效力来看，这种疫苗相当于传染性喉气管炎弱毒活疫苗，不过，其优于传染性喉气管炎弱毒疫苗的地方在于更加安全，不会形成潜伏感染，既适用于鸡传染性喉气管炎的流行区，也可以用于干净的鸡群，且对疫苗接种或强毒感染的鸡可用血清学方法加以鉴别，这样能从根源上彻底地改变鸡传染性喉气管炎的预防和治疗状况，使得消灭传染性喉气管炎得以实现。同时，该疫苗具有与现有的鸡痘疫苗相同的免疫效果，通过一次接种可以同时预防传染性喉气管炎和鸡痘。另外，也有灭活疫苗，但免疫效果一般不甚理想。

3. 治 疗

本病无特效治疗药物，鸡群一旦发病首先对发病鸡场实行隔离、封锁，淘汰或隔离饲养病愈鸡，以免长期带毒、传播本病。发病早期，采用 ILT 疫苗紧急接种。紧急接种前，需要按每只鸡 5 000 IU 链霉素和 0.02 mL 地塞米松的量进行喷雾，同时在饮水中添加电解多维，效果会更加明显。病鸡可采用对症治疗措施，用多西环素、罗红霉素和氧氟沙星等抗菌药物饮水，防止细菌继发感染，同时用中药速效咳喘康拌料，一般用药后 3～5 d 可使病情明显好转。

## 六、禽白血病

禽白血病（AL）是禽白血病（肉瘤病毒群）病毒所致禽类各种肿瘤病的总称，包括淋巴白血病、成红细胞白血病、成髓细胞白血病、骨髓细胞瘤、纤维瘤与纤维肉瘤、血管瘤、骨石症。禽白血病病毒感染后不但可引起各种肿瘤，也会造成产蛋下降、免疫抑制和生长迟缓，给养鸡业造成严重的经济损失。

### （一）常见症状

禽白血病多见于成年鸡发病，常见进行性消瘦，鸡冠萎缩，产蛋下降等症状。但是，因感染鸡年龄的不同、感染毒株各亚群在毒力和鸡遗传性方面存在的差异，感染后出现的肿瘤细胞种类亦不同，依此可以分为淋巴白血病、成髓细胞白血病、成红细胞白血病、骨髓细胞瘤及其他病型。淋巴白血病多在成年母鸡中发生，临床未发现特异症状，病鸡只是消瘦，鸡冠苍白、皱缩，有时发绀，病鸡食欲不振、虚弱，腹部增大，病鸡呈企鹅姿势，触诊可摸到肿大的肝脏，甚至是法氏囊。有些鸡感染后无明显的临床症状，仔细观察可发现这些感染带毒鸡产蛋延迟，产蛋量较正常鸡减少，且蛋小壳薄，蛋的受精率、孵化率下降。其他病型与淋巴细胞白血病稍有差异，成红细胞白血病多发于成年鸡，偶见 6 日龄鸡发病，根据在脏器或血液中出现大量的幼稚型红细胞和严重贫血的特征又可分为增生型和贫血型。成髓细胞白血病散发于成年鸡，实验感染中最早也可导致 5 周龄的鸡发病。骨髓细胞瘤病散发于成年鸡，由于骨髓细胞增生常可在病鸡头部出现异常突起，表现为两肢跖骨骨干中部不对称增粗，胸骨和肛骨也有可能出现这种突起。

禽白血病病毒能使鸡体各种内脏器官、各种组织出现表现各异的肿瘤，常见的有肝脏肿瘤、脾脏肿瘤、肾脏肿瘤、心脏肿瘤、卵巢肿瘤。肿瘤的表现亦不尽相同，部分肿瘤表现为较大的肿瘤结节，部分表现为弥漫性细小结节，有些形状规则，有些外形不规则。在病理组织学上，瘤细胞以淋巴样细胞为主。淋巴细胞白血病的肿瘤发生在肝、脾、法氏囊、肾、肺、卵巢、心、肠系膜及其他处，肿瘤可以表现为结节型、粟粒型、弥漫型，结节型肿瘤的外表松软光滑、富有光泽，为灰白色或浅灰黄色，由针头到鸡蛋大小的肿瘤均有；弥漫型肿瘤会导致器官体积匀速扩大、质地脆嫩、色泽灰白；粟粒性肿瘤的直径很小，均匀地分布于各器官。同时，还可出现 2 种或多种肿瘤。取肝结节做病理切片，可以发现，肿瘤组织以淋巴母细胞为主，以 B 淋巴细胞占优势。成红细胞白血病增生型患者见肝脏、脾脏明显肿大，颜色呈樱桃红色到暗红色，质脆而柔软；骨髓增生呈水样，颜色暗红到樱桃红色，镜检血液中出现大量的幼稚型成红细胞。贫血型病例内脏器官萎缩，骨髓苍白呈胶冻样。成髓细胞性白血病可见实质器官肿大，特别是肝脏呈现粒状或斑纹状，呈苍白色，骨髓苍白，成髓细胞在外周血中大量增加。骨髓细胞瘤病病例中则可见骨髓表面靠近软骨处出现肿瘤，病变处呈淡黄色、柔软、质脆或似干酪样。

### （二）病因解析

本病主要由禽白血病病毒引起，禽白血病病毒类似于人的艾滋病病毒，但不感染人类。按囊膜糖蛋白抗原的不同，可分为 A、B、C、D、E、F、G、H、I、J 亚群，而自然感染仅有 A、B、C、D、E 和 J 亚群。这些不同类型的囊膜糖蛋白各自具有独特的致病机制。其中，J 亚群的致病性及感染性最强，E 亚群为非致病性，致病性较弱。国内禽白血病病毒流行情况也有变化。以前，J 亚群主要感染肉鸡，特别是 2003 年以前，在白羽肉用型种鸡中相当普遍，2005 年以后 J 亚群在肉种鸡中很少分离得到。A、B 亚群是引起典型病症的白血病亚群，近些年来，J 亚群开始在蛋鸡场中流行，病毒分离率越来越多，同时在蛋鸡中也可分离到 A、B 亚群。A、B 亚群及 J 亚群都能使鸡发生肿瘤，而 A 亚群、B 亚群通常会导致淋巴细胞白血病，多数形成更大肿瘤，但 J 亚群大多导致髓样细胞瘤的发生，常在肿胀肝脏内形成许多弥漫性排列的白色小肿瘤结节。另外，不规则肿瘤亦可在其他器官内形成。

自然状态下，本病毒主要感染鸡畜，不同品种或品系的鸡对病毒感染和肿瘤发生的抵抗力差异很大。此外，感染鸡日龄与发病率、死亡率密切相关，越是早期感染，特别是垂直感染，病毒的致病性就越强，感染后导致的肿瘤发生率和死亡率就越高。本病发生主要原因是种鸡群携带病毒，感染的母鸡通过种蛋将病毒传给雏鸡，带毒的雏鸡在孵化厅和运输箱中密闭运输时可导致严重的横向传染。此外，使用受到禽白血病病毒污染的疫苗也是本病发生的一个主要原因。

判断是否发生了禽白血病，可根据本病主要发生于蛋鸡，感染的鸡存在进行性消瘦、鸡冠萎缩、产蛋下降等临床症状和肿瘤病变特征等可作出诊断，但需要与马立克病进行鉴别。马立克病和禽白血病虽然大多数病例都发生在成年鸡，但禽白血病发生的日龄更大；淋巴细胞禽白血病在法氏囊可形成肿瘤结节，马立克病则多引起法氏囊萎缩，个别病例可见法氏囊壁增厚，但无肿瘤。此外，禽白血病不会导致马立克病所导致的麻痹、"灰眼"症状。进一步鉴别可采用肿瘤组织病理切片的方法，马立克病感染后可见到成熟或未成熟淋巴细胞，其中，T 淋巴细胞占优势，淋巴细胞白血病主要可见到淋巴母细胞，其中以 B 淋巴细胞占优势。实验室检查方法还可使用琼脂扩散试验、补体结合试验以及病毒的分离鉴定来确诊本病。日常临床诊断中很少用到病毒分离鉴定及血清学检查，但要建立无禽白血病鸡群则必须完成上述任务。

### （三）破解方案

现在，对该病没有发现有效治疗手段及可使用疫苗，主要是通过降低种鸡群感染率，建立无该病种鸡群，不用疫苗控制该病传播。

该病以垂直传播感染为主，孵化室的孵化及运输箱的运输亦可导致水平扩散感染。病鸡常呈慢性或隐性带毒状态，对其他疾病易感，尤其是种用鸡更易感染。所以，降低种鸡群感染率，建立无禽白血病种鸡群，是防治该病最为有效的对策。具备条件的种鸡场，可以用蛋清及泄殖腔棉拭子进行检测，选阴性母鸡受精蛋孵化，小批量生产，出雏和养殖均处于隔离状态，避免相互接触，交叉感染，经数代连续培养，无禽白血病的鸡群可以逐渐建立起来。普通种鸡场的种鸡可采用 ELISA 试剂盒对血清及泄殖腔内的棉拭子进行定期测定，淘汰一切抗体、抗原阳性者，子代呈阳性者。在此基础上还应对鸡群进行免疫接种。此外，还要加强各类弱毒苗检测和监督，特别适用于马立克病疫苗，为了避免所用弱毒苗被禽白血病病毒污染，可同时强化孵化、育雏和其他环节消毒力度，最终可明显降低该病感染程度。

## 七、鸡坏死性肠炎

鸡坏死性肠炎是由 A 型或 C 型产气荚膜梭菌引起的一类急性传染病。临床上可见病鸡排出红褐色或黑色煤焦油样稀粪，剖检可见病死鸡小肠后段黏膜广泛坏死。

### （一）常见症状

本病常突然发病，呈急性死亡，往往无明显临床症状。病程稍长的可见不同程度的精神沉郁，羽毛粗乱，食欲下降，贫血，腹泻，不愿走动，排出红褐色或黑色煤焦油样稀粪，有时粪便中混有肠黏膜组织。个别患者可出现神经症状，患病鸡翅腿瘫痪、抖动、起立不稳、两翅拍地、接触时尖叫等。此病在鸡群中发病率较高，但一般不会造成很大损失。一般发病多为散发，死亡率在 2%～3% 之间，如混合感染球虫及其他疾病，那么死亡率就增加了。

剖检特征性病变是小肠中后段肠管病变，以空肠和回肠中多见，偶尔可见盲肠病变。病变部肠管增粗，外观呈浅红色，肠管有出血性或黄灰色液体，有泡沫，有的有血凝块或豆腐渣样物质。肠黏膜表面黏附着厚厚的灰黄色伪膜，剥离脱落伪膜，可见肠黏膜凹凸不平，或大小、形态各异的坏死灶，有大量纤维素和细胞碎片黏附在坏死灶的表面。

### （二）病因解析

本病由产气荚膜梭菌 A 型或 C 型引起。产气荚膜梭菌简称魏氏梭菌，为两端稍钝圆的粗短杆菌，革兰染色阳性，陈旧培养物可呈阴性，芽孢呈卵圆形，位于菌体中央或近端。魏氏梭菌在厌氧肉肝汤中培养 5~6 h 后，肉汤混浊，产生大量气体；在含铁牛乳中培养，可产生"暴烈发酵"现象；在葡萄糖血琼脂培养，可形成"勋章样"大菌落，菌落周围溶血，有时为双溶血环，内层完全溶血，外层不完全溶血；在 SPS 琼脂平板上形成黑色菌落。

本菌可形成芽弛，对温度极其不敏感，能耐煮沸 1~3 h。目前没有消毒剂可以杀灭芽弛梭菌。

自然条件下，仅见鸡发生本病，肉鸡、蛋鸡均可发生，尤以平养鸡多发，以 2~12 周龄鸡多发，肉鸡发病则多见 2~8 周龄。本病一年四季均可发生，但在炎热潮湿的夏季多发，且多为散发。魏氏梭菌在粪便、土壤和肠道内容物均有存在，污染的垫料和饲料通常是坏死性肠炎的传染来源。饲喂小麦或大麦含量高的日粮有诱发坏死性肠炎的倾向，饲养管理差、通风不良、地面潮湿、喂给发霉变质的鱼粉豆粕、不合理地使用药物添加剂以及球虫病等均可诱发本病。

判断是否发生了本病时，可根据病鸡多为散发、发病急、死亡突然，临床上拉红褐色或黑色稀粪，剖检病变仅表现在小肠后段坏死性肠炎的症状作出初步诊断，但需要与溃疡性肠炎和球虫病进行鉴别，确诊则需进行实验室诊断。实验室检查可取病死鸡的肝、病变小肠黏膜接种厌氧肉肝汤，培养后划线接种葡萄糖血琼脂平板或 SPS 琼脂平板，挑取有溶血的勋章样菌落或黑色菌落染色镜检，发现革兰阳性杆菌即可确诊。但由于魏氏梭菌正常情况下在肠道就有存在，故有条件的话尽量进行毒素的中和试验进行确诊。将病变肠道内容物进行离心，取上清液 0.1~0.2 mL 经尾静脉注入小白鼠体内，若小鼠死亡，则证明有毒素存在，进一步用抗毒素进行中和，37℃作用 40 min，然后再经尾静脉注射小白鼠，观察 24 h，如小鼠不死亡，则可确诊。

### （三）破解方案

该病的预防与治疗主要依靠平时的饲养管理与环境卫生工作。强化饲养管理，饲料原料应贮藏于通风处，应定期进行检查，防止饲喂发霉变质饲料。不要随便换饲料，必须替换的时候要按照计划进行转换。降低饲养密度，增加通风，改善饲养环境等，做好鸡舍卫生，及时清理粪便。采取"全进全出"的制度，事后面向鸡舍和运动场、对饲养用具等进行全面消毒。保持舍内空气清新，避免有害气体超标而影响鸡只健康。通常鸡舍、饲养用具都要经常进行消毒处理，尤其肉鸡舍，垫料应及时打扫干净。在高温季节和炎热潮湿的天气应注意防暑降温，并给鸡提供充足饮水。经常驱虫预防球虫病，降低肠道寄生虫对肠道黏膜的危害。饲料的配方必须合理，根据鸡不同生长发育阶段和生理特点，制定科学合理的日食制度，减少饲料中容易引发该病的元素，饲粮中切忌添加高蛋白质等原料，防止饲料营养不均衡，饲料中鱼粉加入量不应过多，以避免变质。同时，还要注意控制好投饵和饮水。夏季尤其应强化管理，特别是确保肉骨粉品质，日粮可以加入适量的药物，防止该病的产生。

一旦发病，可选用多西环素、杆菌肽、利高霉素等药剂；每吨饲料添加林可霉素 2.2～2.4 g 连续饲喂，可预防和治疗本病，还可促进肉鸡生长，提高饲料报酬。

## 八、鸡链球菌病

鸡链球菌病是因某些血清型链球菌诱发的鸡的一种急性或慢性传染病，雏鸡与成鸡都能感染，多为地方性流行。链球菌病对养鸡业具有一定危害，可引起 0.5%～50% 的死亡率。

### （一）常见症状

D 群粪链球菌在临床上主要表现为急性病例和慢性病例。急性病例主要以败血症为主，病鸡精神沉郁、嗜睡，冠髯苍白，腹泻，头部有轻微震颤，翅膀痉挛、麻痹，发病后很快死亡。慢性病例主要表现为精神不振，眼半闭、昏睡，食欲减少或废绝，呼吸困难。体重减少，步履蹒跚、跛行。胫骨下关节肿胀，趾端发绀。

如病菌侵害脑部，可引起明显的神经症状，病鸡阵发性转圈，角弓反张，两羽下垂，足麻痹。个别可能引起结膜炎，成年鸡可能引起产蛋量下降等。

C群兽疫链球菌引起病例主要表现为精神倦怠，羽毛粗乱，冠及肉髯苍白，病鸡消瘦，排出白色或黄绿色粪便。剖检发现病鸡的皮下、浆膜、肌肉水肿，呈淡黄色胶冻样渗出；肌肉出现点状出血；肝脏肿胀，血瘀，颜色深紫，出现出血斑点且切面结构模糊，有时可看到直径约 1 cm 的棕色或白色坏死灶；脾脏同样肿胀，出血较多，质地脆而软；肺脏出血坏死；气管，支气管黏膜充血，表面可见黏性分泌物；胰脏呈浅红色并有出血点；肾脏稍肿胀；泄殖腔黏膜出血；心包内出现积液、心内膜出现出血点；盲肠扁桃体增大，出血。这些都是孵化场常见的症状。有时可出现关节炎、腹膜炎，如果在孵化期间被传染，也可出现脐炎等。

### （二）病因解析

本病的病原为革兰阳性球菌，主要有链球菌属 C 群兽疫链球菌和肠球菌属中粪肠球菌、屎肠球菌和鸟肠球菌（旧称为粪链球菌、屎链球菌和鸟链球菌，它们均具有革兰 D 抗原，故过去把它们归为 D 群链球菌）等。这些病原均呈球形或卵圆形，呈链状排列，有时也呈单个或成对存在。本病原体需氧或兼性厌氧，营养需求较高，在普通培养基上仅形成针尖样小菌落，如加入血液、腹水等可促进生长，在血液培养基上可形成灰白色的菌落，菌落周围完全溶血或呈现不完全溶血现象。

各年龄和品种的鸡均可被感染，但雏鸡发病较多。一般情况下被认为是条件致病菌，气温发生改变，湿润拥挤，养殖不当，不洁饮水和低劣垫料情况下，引起的机体抵抗力降低都会诱发疾病。链球菌和肠球菌在环境中普遍存在，正常肠道中也有分布，病原感染途径主要是消化道和呼吸道。兽疫链球菌很少引起成鸡发病，而肠球菌则可引起各年龄鸡发病，尤其是鸡胚和雏鸡。

判断是否发生了鸡链球菌病可根据典型症状和病变进行诊断，但需要与金黄色葡萄球菌、大肠杆菌病和巴氏杆菌等相鉴别。确诊时必须分离病原进行实验室诊断。实验室主要进行病原学诊断，可用心血和组织进行涂片或触片，革兰染色镜检；也可将病料接种于马丁肉汤中培养后，染色镜检，如发现革兰阳性球菌，呈链状排列，即可确诊。

## 三、破解方案

该病目前还没有有效疫苗可以选择，防治该病要注重环境卫生，提高机体抵抗力。做好鸡舍环境卫生工作，特别是应注意定期带鸡消毒，降低并消除环境病原体，确保饮水器具的清洁和卫生，并经常进行清洁和消毒。平时要加强饲养管理，注意通风换气，避免鸡舍潮湿拥挤，保持环境安静，发现发病鸡时要及时采取隔离、治疗和淘汰病鸡等措施，将有助于减少本病的蔓延。该病病原菌易产生耐药性，平时应注意科学用药，不要长期在饲料中添加药物，以免产生耐药性。治疗时应根据药敏试验结果选用高敏药物治疗。青霉素、氨苄西林、头孢类抗生素等对本菌均具有较高的敏感性，应注意选用；红霉素、四环素等临床产生的耐药性较高，应进行药敏试验后选用。

# 参考文献

[1] 王茂森，薄玉琨，李林，等.畜牧业产业化经营基本理论与创新发展 [M].银川：宁夏人民出版社，2020.

[2] 周生俊，周海宁，高建龙.宁夏中兽医志 [M].银川：宁夏人民出版社，2012.

[3] 四川省草原工作总站.四川省草原监测报告（2007—2016 年）[M].成都：四川大学出版社，2018.

[4] 于国刚，张广智，王娟.畜牧业养殖实用技术与应用 [M].咸阳：西北农林科学技术大学出版社，2021.

[5] 王晓力，周学辉.现代畜牧业高效养殖技术 [M].兰州：甘肃科学技术出版社，2016.

[6] 付明星.现代都市农业 畜牧业技术 [M].武汉：湖北科学技术出版社，2012.

[7] 姚菊霞.定西牛羊主要疫病防治技术 [M].兰州：甘肃科学技术出版社，2018.

[8] 李爱巧.常见动物人畜共患病防治技术 [M].奎屯：伊犁人民出版社，2013.

[9] 刘升宝，王雷之，宋毓民.畜禽生产经营与疫病防治 [M].汕头：汕头大学出版社，2019.

[10] 张霞，皮泉，文明.林下土鸡生态放养与疾病防治技术 [M].贵阳：贵州科技出版社，2020.

[11] 王艳唯，张大林.推广绿色畜牧养殖技术的若干建议 [J].畜牧兽医科技信息，2022（09）：64-66.

[12] 邵志武，董如意，于慧丽.如何更好推广绿色畜牧养殖技术 [J].畜牧兽医科技信息，2022（09）：55-57.

[13] 李振锋.河南省绿色畜牧养殖技术推广存在的问题及措施 [J].畜牧兽医科技信息，2022（09）：61-63.

[14] 黄秀.畜牧养殖对环境污染的现状与治理对策 [J].今日畜牧兽医，2022，38（09）：76-77.

[15] 周景华．畜牧养殖粪污治理的技术措施 [J]．今日畜牧兽医，2022，38（09）：71-72.

[16] 彭晓芳，屈行甫．地域性文化符号在城市公园设计的应用研究——以陕州主题文化公园为例 [J]．美与时代（上），2022（09）：77-81.

[17] 王玉砚．城市生态公园景观设计原则探讨——以西安沣东新城汉溪湖公园为例 [J]．美与时代（城市版），2022（08）：92-94.

[18] 武嘉文，王鑫．基于晨夜间人群活动的小型城市公园设计探讨——以兰州市市民公园为例 [J]．设计艺术研究，2022，12（04）：56-60.

[19] 张华东．地域文化在城市公园景观设计中的应用研究 [J]．绿色科技，2022，24（13）：44-47.

[20] 严诗韵．设计心理学在适老型城市公园设计中的应用——以湖州莲花庄公园为例 [J]．明日风尚，2022（13）：151-154.

[21] 姚雪梅．地域特色视角下的城市公园设计研究——以武宣县仙湖公园为例 [J]．工程建设与设计，2022（10）：79-82.

[22] 王子翰．海洋贸易文化视角下的宁波鄞州城市公园设计研究 [D]．蚌埠：安徽财经大学，2022.

[23] 陆思杰．基于园林生态学理论的城市公园设计分析——以攀枝花市盐边县月潭公园为例 [J]．现代园艺，2022，45（06）：72-74.

[24] 瓦清玲，罗建让．基于使用者行为的城市公园设计综述 [J]．现代园艺，2022，45（06）：195-197.

[25] 林星彤．城市公园设计理念特色及对城市宜居影响分析——以福州"串珠公园"为例 [J]．福建建设科技，2022（02）：21-22+88.

[26] 郭丹辰，谭雪红，徐谦．基于环境教育理念的城市公园设计研究——以徐州市大龙湖湿地公园为例 [J]．安徽农学通报，2022，28（01）：70-74.

[27] 韩炳越，王剑，王坤．"以文化境，意境合一"——基于文化传承的城市公园设计方法探讨 [J]．中国园林，2021，37（S1）：167-171.

[28] 王晨钰．基于儿童行为特征的城市公园设计探析 [J]．大观，2021（12）：40-41.

[29] 李威，周佳昱，李佳倩．海绵城市理念在城市公园设计中的应用研究 [J]．科

技创新与生产力，2021（11）：39-41.

[30] 徐嘉敏 . 人性化设计对于城市公园设计的重要性——以湖州市霅溪公园为例 [J]. 美与时代（城市版），2021（10）：73-74.